用 10 億大數據
打造最強數學力

教出孩子理工腦

今木智隆

★給看到本書的爸爸媽媽們★

首先，請讓孩子解解看

刊登於本書

P29～34頁的題目。

如果孩子答錯了

其中任何一題，

本書中一定有著

能夠提升您孩子

數學成績的秘訣。

前言

「其他科目沒那麼擅長就算了，**只希望他能把數學學好**。」

我在跟父母親討論孩子的學習時，一定會聽到類似這樣的話。這可能是因為數學這一科具備了以下的特點：

①數學是所有理組科目的「入口」。

②「不擅長數理」，對孩子的未來可能會有相當大的負面影響。

③只要以正確的方式學習數學，不管是誰都能拿到好成績。

您覺得如何呢？

首先，「①數學是所有理組科目的『入口』」這點肯定無庸置疑。接下來，關於第②點和第③點，我們可以從簡單的角度切入。

光是「擅長數理」這點就能成為孩子的寶貴財產

有許多孩子因為覺得自己數學不好，所以會連帶對數字和其他理組科目感到抗拒。然而，考量到未來，這可能會帶來相當大的負面影響。

因為ＡＩ人工智慧等技術的發展，今後不只是重複性作業和體力勞動，許多工作都將被機械取代，相信這些話大家已經聽過不少。說得偏激一點，人類剩下能從事的工作，將會變得以「（人類才能進行的）創意工作」與「人際溝通工作」為主。

但這類工作能力，並不是那麼容易就能掌握的。

不過，透過學習數學，就能讓孩子自然而然掌握**「思考能力」，包括：邏輯思考能力、發現問題並解決的能力、整理分散資訊後思考的能力、確實掌握對方問題的能力等等。**

此外，擅長數理的優勢，也會反映在**年收入**上。

以全美平均值來看，相較於文學學士（ＢＡ）的年收入６萬美元，理學學士

（BS）的年收入則是達到6．8萬美元。一年平均差了8千美元，落差甚大。因為文組職業中涵蓋了兼職人員，以及一般行政職，所以年收入平均值無可避免地會被拉低；但理組有許多涉及高度專業性的職業，年收入確實會比較高，這也是不爭的事實。

恐怕在未來，文理兩方的年收入落差還會更加明顯。

只要以正確的方式學習數學，任何人都能拿到好成績

我持續思考：**數學究竟與其他科目有什麼差異？**如果當作遊戲來看，大多數的科目就像打保齡球，但數學則是很像RPG角色扮演遊戲。

保齡球不管上一局的分數是好是壞，只要在下一局重新投球，遊戲就能繼續進行下去。以社會組科目的狀況來說，就像是不管你的中國史成績是好是壞，西洋史又算是另一科，而地理又是另外一科。

然而，只有數學是只要有一個地方弄不懂，就沒辦法前進到下一個地方——就像如果破不了地下城這一關，就無法前進到下一關一樣。因此，必須用有別於其他科目的方式來學習數學才行。

在學習數學的路上跌跌撞撞，大多是因為「原本可以破解前面的關卡，結果粗心大意了」。如果回到上一關好好破關的話，下一關就不會那麼可怕了。雖然國小總共有六年，各個單元也都劃分得很細，但數學就像是一場花費六年破關的ＲＰＧ一樣。

構成數學的三大主線及攻略關鍵

這個以數學為名的ＲＰＧ遊戲，大致可以劃分為三條主線：「位值」「單位」與「圖形」。只要能夠意識到這三個分類來學習，就能掌握數學的滿分關鍵。

例如，看到１０００和６９８這兩個數字的時候，如果無法「正確理解」

數學

其他科目

1000這個數字比較大，當然就會對處理數字感到棘手（＝對位值的理解）。

又或者是，如果沒有「正確理解」尺規刻度的讀取方式，即使是簡單的圖表或表格，孩子可能也會覺得難以解讀（＝對單位的理解）。

如果沒有「正確理解」求出平面圖形面積的方法，也就難以求出立體圖形的體積了（＝對圖形的理解）。

這三大項目正是數學的基礎，所有在學習中會出現的關卡（單元），幾乎都跟這三個項目有關。

或許會有人覺得：「正確理解這三個概念，不是很理所當然的事嗎？」

但如果觀察實際的教育現場，或是孩子在家中學習的樣子，就會發現有非常多孩子是從這三個概念開始變得不擅長數學的。

實際上統計調查大多數孩子容易卡關的單元和問題之後，得到了以下的結果：

關卡1　理解2～3位數的位值（＝位值理解）

關卡2　圖形組裝．立體的基礎（＝圖形理解）

關卡3　單位與刻度的讀法（＝單位理解）

關卡4　應用題

關卡5　理解圓與半徑．直徑（＝圖形理解）

因此在本書中，位於第二章將會從「關卡1　理解2～3位數的位值」「關卡2　圖形組合．立體的基礎」「關卡3　單位與刻度的讀法」「關卡5　理解圓與半徑．直徑」著手，以攻略各個單元為目標。

然後位於第三章，我們將會進入橫跨各個單元、讓很多人都感到頭痛的「關卡4　應用題」。

此外，混合了60進位和24進位的「時間（分鐘單位）的計算」，雖然也是孩子容易卡關的單元，但如果在這裡卡關，其實不太會對之後的學習造成阻礙。不過因為考試時還是會有此單元，所以在本書的第二章會將「時間的計算」做為「補充篇」來介紹。

只要能攻略「位值」「單位」「圖形」這三大分類與「時間」，以及「應用題」，孩子一定能夠變得「擅長數學」和「擅長理科」。

這些單元和問題，當然會依照學習的年級事先規劃好。不過在本書中，**考量到了包括小一生到小六生在內的所有小學生，以及國中的孩子。**這樣做的理由是因為，在數學的學習中，重要的不是年級，而是**「前後的連貫」**。

例如，在小四時可能會有孩子就是無法理解「立體圖形」。這樣的孩子所需要的，並不是一直重新練習立體圖形相關的題目，或是複習小四的課程內容。攻略「立體圖形」的關鍵，其實要回到「小二的平面圖形」。只要能想起兩年前學過的內容，提高掌握圖形本身的能力，就能以令人驚訝的流暢程度攻略立體圖形。也就是說，卡關的時候就要回到**相關的「上一個單元」**，這點很重要（請參照第180頁。）

如果缺乏對平面圖形的理解，那不管再怎麼重做立體圖形的題目，也無法提升成績。這樣一來，孩子心中就會深植「我不擅長立體圖形」的意識，進而產生「我討厭數學」「我不喜歡數字」的心理。因此，針對數學的學習，我們絕對要好好預防因誤解而產生的不擅長感與排斥感。

「對數學的理解方式」不容小覷

還有一點不可忽略，那就是「對數學的理解方式」。如果把數學比喻成RPG遊戲，這就等同於「遊戲世界的基本規則」。冒險的目的到底是要打倒魔王，還是救出公主呢？又或者是要找到寶藏呢？要怎樣才能拿到武器、怎麼使用魔法，會有很多諸如此類的事要注意對吧？

但大多數的孩子，對數學的理解方式都有所「誤解」，因此不管怎麼學習，都無法獲得成果。例如以下的情況：

一直以來，我們都把數學的學習重點放在「運算能力」和「速度」上。這造成原本該用來「鍛鍊邏輯思考能力」的數學，大多被視為一種「反射性處理數字」的訓練。那些只要題目的敘述一變多，答對的機率就會馬上下降的孩子們，正是「對數學理解錯誤」的被害者。但多數家長都會覺得是因為「小孩都沒有好好看題目」，歸咎於是孩子沒有好好注意題目的問題。

如同前面已經提過了，數學是一門只要打好基礎，即使或多或少不擅長，不管是誰都能學得會的科目。

當然，如果是想在數學奧林匹亞上勝出（如同要成為奧數選手需要資質），還是需要特殊的才能；但如果只是學校一般數學的程度，並不需要什麼特別的資質。

重要的是培養好數學三大基礎理解能力，並以此為中心，進一步加深理解。

本書即是從這樣的角度出發，詳細說明能**讓任何孩子都不再苦惱於數學，在測驗中拿下滿分**的方法。

為什麼這本書稱得上是「終極的數學學習法」呢？

最後請容我介紹一下自己。

我經營一家以名為RISU的平板電腦提供函授課程的公司。RISU正是以前面所說明的數學的特色，以及目前學習上會遇到的課題為基礎，獨立開發、提供能以：

- **除非學好基礎知識，否則無法進到下一步**
- **可以持續學習相關內容**

這樣的方式自然學習的教材。事實上，前面所介紹的3大分類，正是來自以RISU教材學習的孩子，**從超過10億筆大數據分析導出的結果**。

當我在回顧「數學成績之前明明都還不錯，但不知道為什麼成績突然就變差了的孩子」的學習數據時，往往都會發現：他們早在好幾年前，就已經在學習時遇上了絆腳石。

將這些絆腳石的出處與重點連接起來，就構成了前述的3大分類。分別針對這3大分類進行學習之後，孩子的學習效率獲得了驚人的提升。這個學習法也榮獲《AERA with Kids》等各式各樣的媒體報導。

接下來在本書中，我們會從理解正確的數學學習方式開始。位於第一章裡，我們將解答圍繞數學與學習的各種疑問，例如：

「家長的成績會『遺傳』給小孩嗎？」

「男生不擅長文字題、女生不擅長圖形題，這是真的嗎？」

「男生比較適合唸理工科？」

「早起學習真的有效果嗎？」

本書將從蒐集自RISU會員、超過10億筆學習數據統計資料，以及國外研究機關與文部科學省、知名補習班與出版社的統計結果，告訴各位讀者**「什麼才是真正有效果的數學學習法」**。

數學是一門只要使用正確的方式學習，任何人都能提升成績的有趣科目。還請務必透過本書讓孩子提升成績，並且進一步體會到數學的樂趣。

今木智隆

目錄

2

在這裡卡關就慘了！「為什麼解不出來?!」讓爸媽頭痛的5個問題

76+48=?
1, 2, 3, ...
100
10
1

3

「孩子不擅長閱讀理解」？才不是這樣！應用題的真相

4

矽谷也在用的學習法！教出能自由選擇理工出路的孩子

※編輯註：本書內容以日本國小數學課程架構為基礎，臺灣課程綱要敬請參考國教署公告之版本。

關於數學，你所不知道的

1

遺憾事實

遺憾的事實 1

9成孩子答錯的題目都能分成3大類

我們先來試試要用什麼方法才能讓孩子的數學成績變好吧。還請讓孩子挑戰看看下一頁所列的題目。

各題均列出了是幾年級會學到的題目，不過僅供參考。建議您讓孩子一口氣寫完看看。

如果有在之前年級學過的範圍內，孩子卻無法解開的題目，只要從該處進行複習，就能提升孩子的成績。對於在學過的年級範圍內，但無法解開的題目，只要透過本書重新打好思考的基礎，就能在學校取得好成績。

1 位值
(國小一年級～國小二年級)

在 □ 中填入正確的數字吧。

1. 3 個 10 加上 3 個 1 等於 □ 。

2. 134 的百位是 □ ，十位是 □ ，個位是 □ 。

3. 下面的箭頭指著的地方是多少呢？

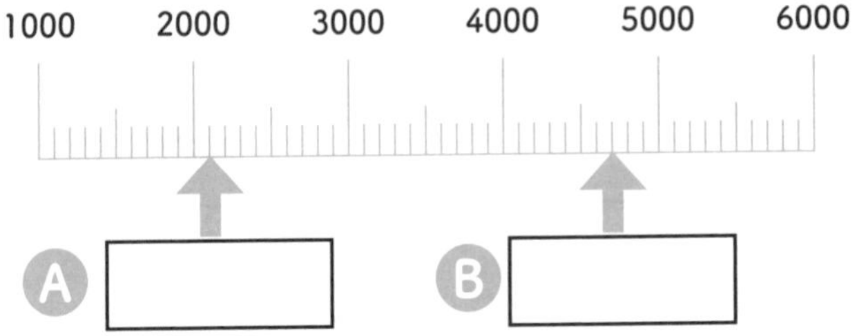

最小的刻度代表 100。

練習題

解答和解說位於第 38 頁。

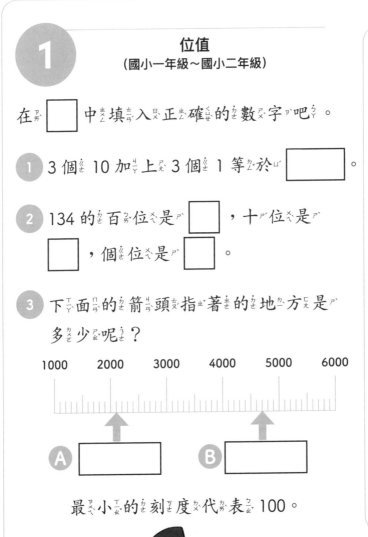

2 位值
(國小四年級)

練習題

把下面的12張卡片每張都用一次，可以拼出來的12位整數最大是多少？最小又是多少？

0	0	1	1	2	3
4	5	6	7	8	9

1 最大的數字是

2 最小的數字是

☜ 解答和解說位於第39頁。

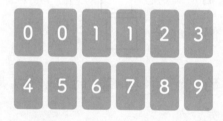

3 單位（長度的單位）
（國小二年級）

1 從尺的最左邊到箭頭的地方有多長呢？

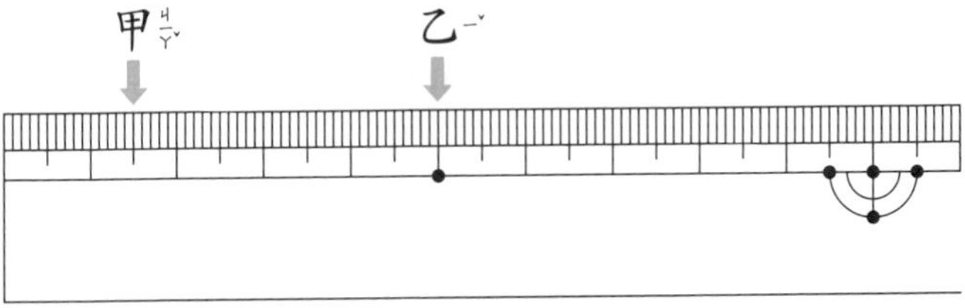

甲：□ 公分 5 毫米　乙：□ 公分

2 在 □ 中填入正確的數字吧。

甲 15 公分 2 毫米 − 9 公分 = □ 公分 □ 毫米

乙 5 公尺 60 公分 + 3 公尺 = □ 公尺 □ 公分

解答和解說位於第 40 頁。

4 圖形
(國小二年級)

練習題

下方的圖形是某個盒子的展開圖。

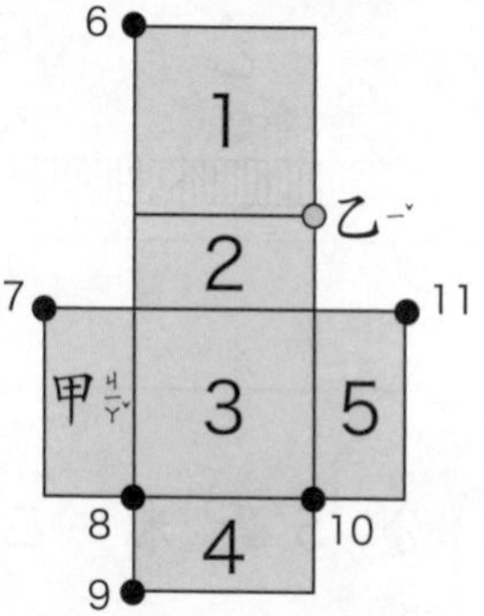

1. 把盒子組裝起來的時候，哪一面會在甲的對面呢？　　答：□

2. 把盒子組裝起來的時候，哪一點會跟乙點重疊呢？　　答：□

解答和解說位於第 41 頁。

5 圖形
(國小三年級)

有3個相同大小的圓形，如下圖。

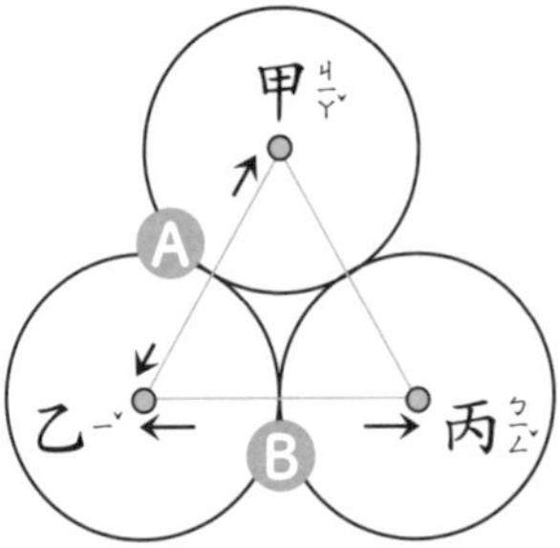

1 當圓半徑為3公分的時候，A與B的長度各是幾公分呢？

A □ 公分　B □ 公分

2 將3個圓的圓心甲、乙、丙相連，會出現哪一種三角形呢？

□ 正三角形　□ 等腰三角形　□ 直角三角形

解答和解說位於第42頁。

6 圖形
(國小五年級)

練習題

下圖為三角柱和它的展開圖。試回答下列問題。

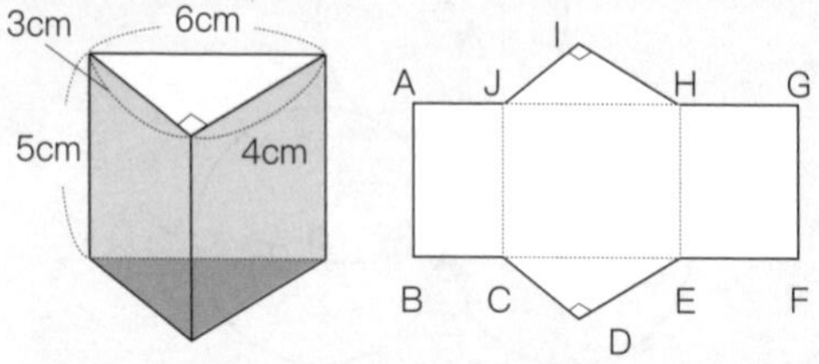

1 展開圖中的邊 $\overline{AB}$ 長度是幾公分呢？　答：☐公分

2 展開圖中的邊 $\overline{BF}$ 長度是幾公分呢？答：☐公分

3 將展開圖組裝起來後，有哪幾個點會與D點相交呢？

☐A點 ☐B點 ☐C點 ☐E點 ☐F點
☐G點 ☐H點 ☐I點 ☐J點

解解答和解說位於第 43 頁。

「數學不好」其實存在明確的模式

前面的題目您覺得如何呢？這樣突然出題，想必有很多人會被嚇一跳；不過這些題目，都是在學習數學時遇到障礙的孩子，有極高機率會答錯的題目。

而且，這裡的「答錯」不單純只是「解不出題目」，還跟接下來「無法理解整個單元在講什麼」的卡關很有關係。

如同前言所述，在國小階段學到的數學，內容大致可分為「3大類」。

首先是掌握數字概念本身，構成加減乘除計算的**「位值」**；用以掌握東西的計算方式，正確理解圖表的**「單位」**；以及包括平面與立體在內的**「圖形」**。前面所提出的6道題目，正是用來測驗出孩子是否能理解這數學的3大主線。

如果能夠理解這3大分類，只要運用相關思考模式，就一定能解開在國小階段會遇到的所有數學題目。從透過我經營的需求響應式（On-Demand）數學教材學習的孩子，進而取得的超過10億件大數據中，就能明顯看出這點。

因此，前面所介紹的練習題的答對率，不只會反映出孩子目前的數學能力，這個數字**也將左右孩子今後對數學的理解以及成績**。

如果孩子能正確解答每道題目，或許還能夠稍微安心；但如果孩子有任何一道題目答錯，還請千萬別掉以輕心。

在數學的問題之中，只有「偶爾答錯」可以歸咎於單純的計算錯誤。**除此之外答錯的情況，絕對是在某個地方藏著「沒有充分理解」的問題。**

一旦有答錯的單元，或是構成答錯因素的單元，就必須要重新學習、修正。（關於各個題目的重點、解法、教法等等，則會在第二章中詳細說明。另外，不分單元、大家所苦惱的閱讀題，則會在第三章進行解說）。

不是讓孩子盲目地重複解題，或是以學年或學期為單位進行複習；接下來要告訴大家的，就是真正有效的學習方式。

正確學習方式
1

依照「位值」「單位」「圖形」3大分類，循序漸進地進行學習。

解答與解說

1 位值
（國小一年級～國小二年級）

練習題

在 □ 中填入正確的數字吧。

1. 3 個 10 加上 3 個 1 等於 33 。
2. 134 的百位是 1 ，十位是 3 ，個位是 4 。
3. 下面的箭頭指著的地方是多少呢？

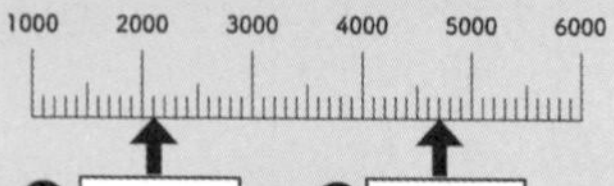

A 2100　B 4700

最小的刻度代表 100。

第 29、147 頁

講解

這些題目可以清楚了解孩子是否理解「位值」的概念。使用錢幣等物品表示「位值」，將數字的構成變得可見，讓孩子習慣「位值」的思考方式吧。

解說

用錢幣來想想看吧！

1. 10 元硬幣有三個：十位是 3
   1 元硬幣有 3 個：個位是 3

2.

1	3	4
位值	十位	個位

134 元是 1 張百元鈔票、3 個 10 元硬幣、4 個 1 元硬幣
→ 134 的百位是 1、十位是 3、個位是 1

3. 往右邊前進一個刻度就是加 100，往左邊倒退一個刻度就是減 100。

A 從 2000 再前進一個刻度就是
2000 + 100 = 2100 或是
從 3000 倒退 9 個刻度
3000 − 900 = 2100

B 從 4000 再前進七個刻度就是
4000 + 700 = 4700 或是
從 5000 倒退 3 個刻度
5000 − 300 = 4700

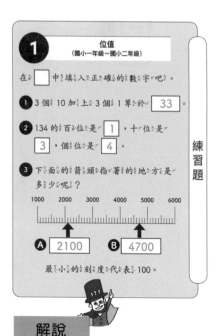

2 位值
（國小四年級）

把下面的 12 張卡片每張都用一次，可以拼出來的 12 位整數最大是多少？最小又是多少？

0 0 1 1 2 3
4 5 6 7 8 9

❶ 最大的數字是

987654321100

❷ 最小的數字是

100123456789

第 30 頁

講解

這是不管怎麼鍛鍊計算能力，都無法解開題目的經典例子之一。另一方面，只要從「位值」的概念開始循序漸進地瞭解，就能成功解開題目。

解說

例如，199 和 200 相比，200 比較大。

百位	十位	個位
1	9	9
2	0	0

→ 比較最大位值的數字，數字較大的那方就是比較大的數。
→ 從最大的位值開始決定要放入的數字。

排出最大的數的時候，按照數字大小由大到小排入。

9 8 第二大的數是「8」
最大的數是「9」

排出最小的數的時候，按照數字大小由小到大排入。不過 0 不能放在最大的位數。

~~0~~ 0 1 1 2
0 不能放在最前面

① 0 0 1 2
0 的下一個最小的數字是「1」
後面的位數可以放「0」

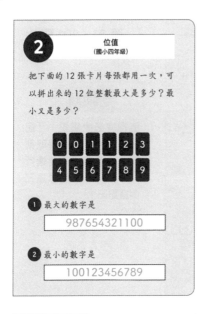

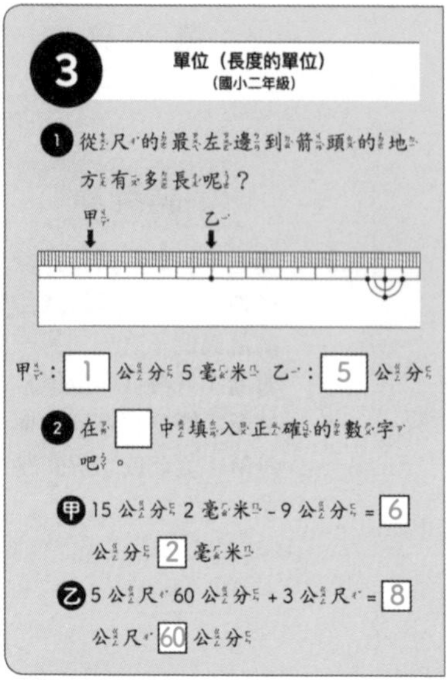
3 單位（長度的單位）
（國小二年級）

① 從尺的最左邊到箭頭的地方有多長呢？

甲　乙

甲：1 公分 5 毫米　乙：5 公分

② 在□中填入正確的數字吧。

甲 15 公分 2 毫米 − 9 公分 = 6 公分 2 毫米

乙 5 公尺 60 公分 + 3 公尺 = 8 公尺 60 公分

第 31、201 頁

講解

這裡有三大重點：「記住單位」「正確讀取刻度」「調整單位並進行計算」。一起熟悉這三個重點吧！

解說

① 標尺的最小刻度為 1 毫米。
其他刻度如下所列。

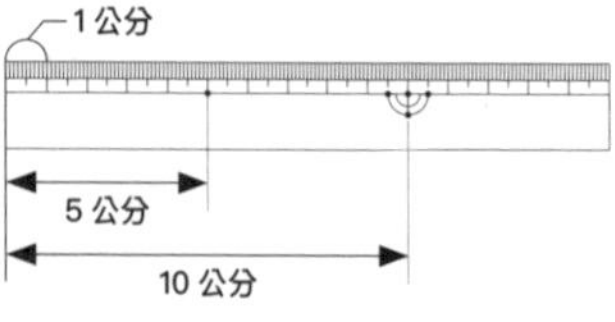

甲：一個 1 公分的刻度加上五個 1 毫米的刻度，
1 公分 + 5 毫米 = 1 公分 5 毫米

② 將公分、毫米與公尺分開計算。

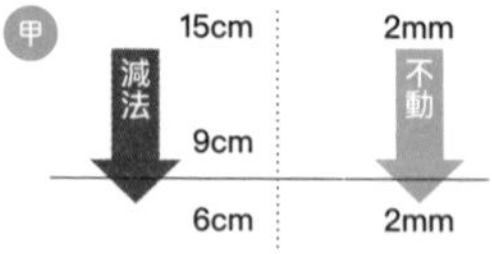

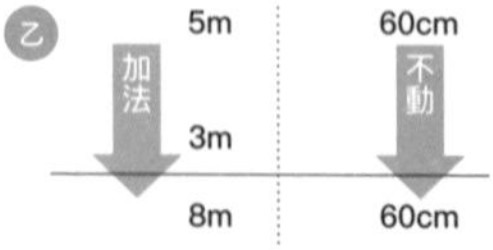

4 圖形
(國小二年級)

下方的圖形是某個盒子的展開圖。

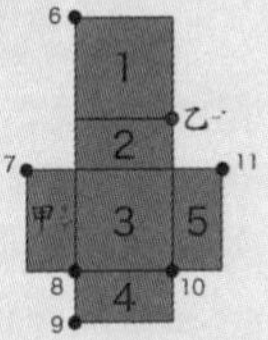

❶ 把盒子組裝起來的時候，哪一面會在甲的對面呢？ 答：5

❷ 把盒子組裝起來的時候，哪一點會跟乙點重疊呢？ 答：11

練習題

第 32、177 頁

講解

不是在腦海中試著一口氣將展開圖組裝起來，而是一組一組地確定各個面與頂點的關係。

解說

試著想像把盒子組裝起來的樣子。

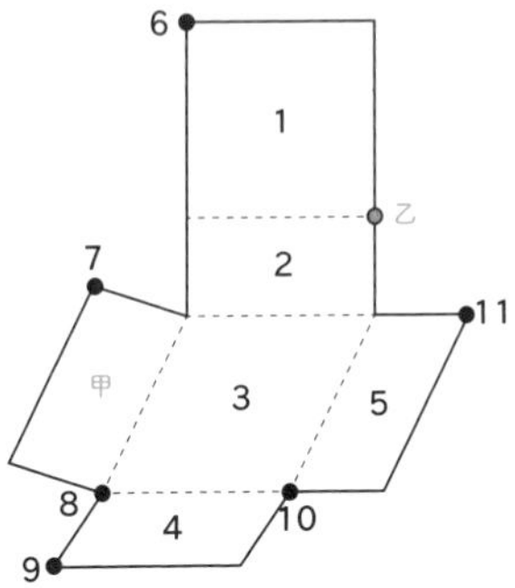

❶ 面 1 ～ 4 和甲面相接，方向會與甲面不同→不會相對
面 5 和甲面不相接，方向會與甲面相同→相對

❷ 頂點乙和面 1、2、5 相接
同樣與面 1、2、5 相接的還有頂點 11
→頂點乙會與頂點 11 重疊

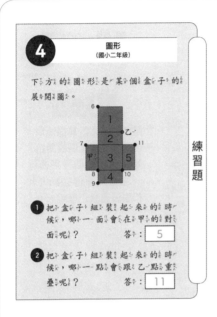

5 圖形
（國小三年級）

有3個相同大小的圓形，如下圖。

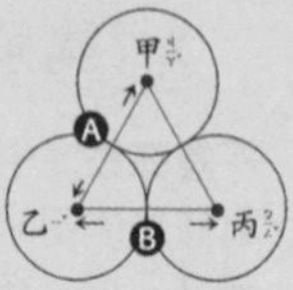

❶ 當圓半徑為3公分的時候，A與B的長度各是幾公分呢？

Ⓐ [6] 公分　Ⓑ [6] 公分

❷ 將3個圓的圓心甲、乙、丙相連，會出現哪一種三角形呢？

[V] 正三角形　[ ] 等腰三角形　[ ] 直角三角形

第 33、225 頁

講解

雖然解法跟計算很簡單，但卻是容易卡關的題目。如果題目稍微變得複雜一點就搞不懂的話，就代表沒有真正理解。

解說

①

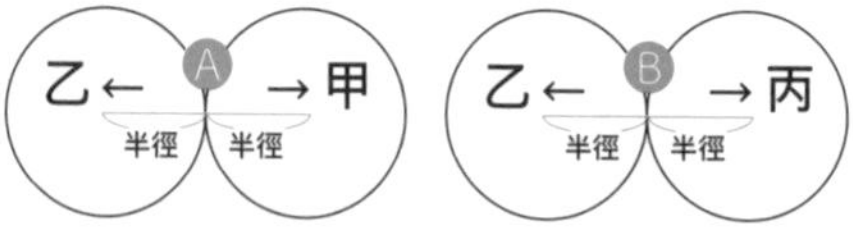

Ⓐ Ⓑ 為兩個圓的半徑長，等於 3×2=6（公分）

② 甲與丙連出的三角形邊長，和 Ⓐ Ⓑ 同樣是兩個圓的半徑長，所以是 6 公分。
三角形甲乙丙的三邊長都相同，所以是正三角形。

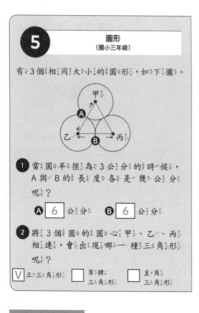

6 圖形
（國小五年級）

下圖為三角柱和它的展開圖。試回答下列問題。

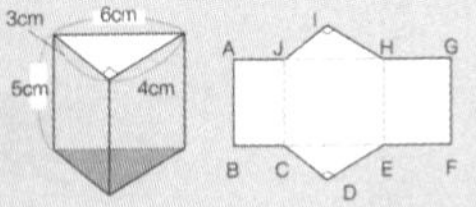

❶ 展開圖中的邊 $\overline{AB}$ 長度是幾公分呢？　答：5 公分

❷ 展開圖中的邊 $\overline{BF}$ 長度是幾公分呢？答：13 公分

❸ 將展開圖組裝起來後，有哪幾個點會與 D 點相交呢？

□A 點　☑B 點　□C 點　□E 點　☑F 點
□G 點　□H 點　□I 點　□J 點

練習題

第 34 頁

講解

仔細觀察並比較立體圖與展開圖，想想哪邊是底面，側面又會怎麼展開吧。

解說

圖為三角柱，所以底面是三角形，側面是長方形。

如果將展開圖中的直角三角形 CDE 當作三角柱的底面，就能從三角柱的立體圖看出邊 $\overline{CD}$ 為 3 公分、邊 $\overline{ED}$ 為 4 公分、邊 $\overline{CE}$ 為 6 公分

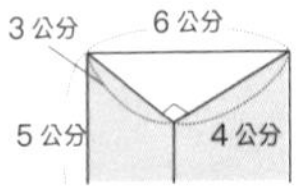

再進一步觀察展開圖，將三角柱組裝起來的時候，邊 $\overline{CD}$ 與邊 $\overline{CB}$、邊 $\overline{ED}$ 與邊 $\overline{EF}$ 正好重疊。由此可得邊 $\overline{CB}$ 為 3 公分，邊 $\overline{EF}$ 為 4 公分

❶ 從展開圖可看出邊 $\overline{AB}$ 與底面的三角形 CDE 相互垂直。觀察立體圖，可得知與三角形 CDE 垂直的邊長皆為 5 公分。
由此可得邊 $\overline{AB}$ 為 5 公分。

❷ $\overline{BF}$ = 邊 $\overline{BC}$ + 邊 $\overline{CE}$ + 邊 EF，3 + 6 + 4 = 13（公分）
將三角柱組裝起來時，邊 $\overline{CD}$ 與邊 $\overline{CB}$、邊 $\overline{ED}$ 與邊 $\overline{EF}$ 正好重疊，因此與 D 點重疊的為 B 點和 F 點。

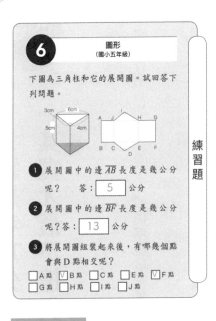

遺憾的事實 2

「總是考70分」的孩子其實才最不擅長數學

國小會遇到的數學題目，**即使沒辦法完全理解，考試時通常還是會拿到一定的分數**。

如果是結束一個單元時的測驗，只要能模仿題目的解法，就算沒有真正理解，也能拿到將近滿分的分數。而如果是期中考或期末考的話，只要能解開基本的題目，大致上都能拿到70分左右的成績。

我們拿其實沒有真正搞懂刻度（單位）的小敦同學當例子。

「一個刻度代表多少」會根據題目而有所變化，但小敦卻搞不清楚這點。因為他只是把「一個刻度＝1」背下來而已。

但是，小敦還是可以考到75分。雖然一個刻度變成5或變成20的應用題，他全都答錯；但因為其他基礎題都答對，所以就能拿到這樣的分數。

如果拿到75分的話，包括老師在內的多數人都會判斷「小敦應該對刻度有一定的理解」吧。但其實他們並不知道小敦對「刻度」的基本理解就是錯的，光憑分數來判斷，就會漏掉了小敦有問題的地方。

此外，也要留意「很會背東西」的孩子。因為即使他們沒有打好數學基礎，也會把「這種問題就要這樣解」的模式背下來，藉此取得好成績。

然而，他們實際上並沒有真的搞懂題目的解法，如果是結合不同種類的題目，或是稍微變化過的題目，就有可能遇到瓶頸。或是在那個單元教完一陣子之後，就把解法忘得一乾二淨。

「考70分不如考30分」的理由

「但如果只考30、40分，難道會比較好嗎？」

我很清楚您會這麼想的原因。不過如果分數明顯較低，則不管是老師或是家長都會一眼注意到「這個孩子沒有搞懂刻度的概念」。

孩子本身也會注意到「分數很低＝我沒有搞懂」，並且更容易產生**「想把沒搞懂的地方搞懂」**的想法，進而創造出學習的動機。

覺得「刻度很難懂」「分數很難懂」等等，知道自己不擅長什麼的孩子，比起覺得「我就是數學不好」的孩子，更容易克服困難，這是不言自明的道理。

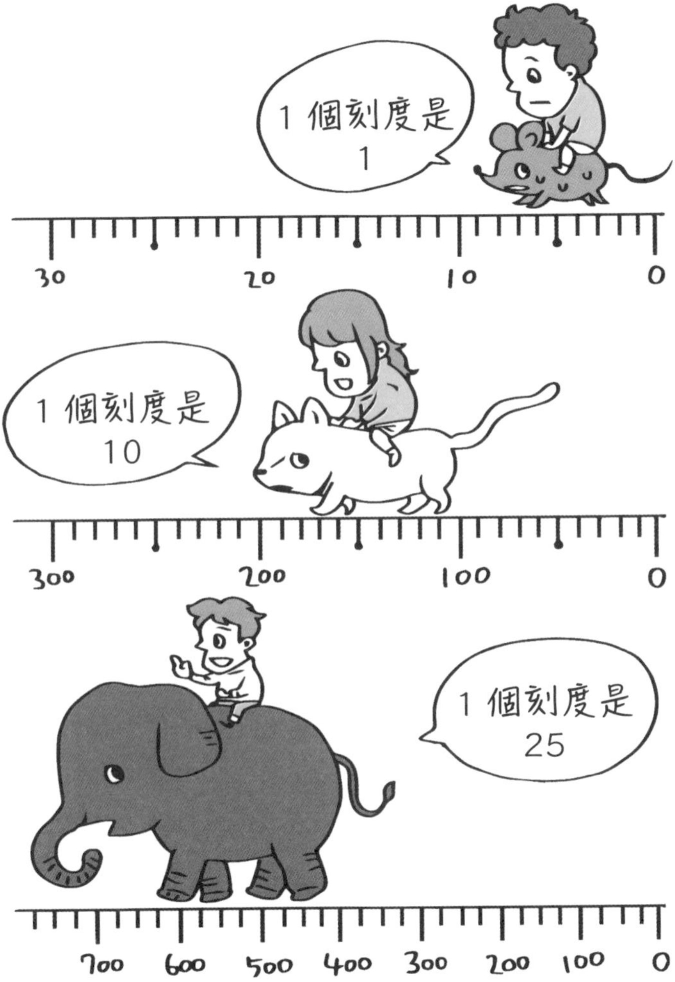
1 個刻度是
1
30
20
10
0
1 個刻度是
10
300
200
100
0
1 個刻度是
25
700
600
500
400
300
200
100
0

最應該要注意的其實就是「不管什麼單元都可以考到70分，所以沒有人注意到他其實對數學很苦惱的孩子」。

在數學的考試中，不管再怎麼粗心大意，如果沒考到至少90分，都稱不上是有充分理解。不要只想著「考到這個分數就可以了」，還請從前一個單元開始複習。

正確學習方式
2

正因為考了70分，
才要用正確的方式複習。

遺憾的事實 3

沒有「之後再用功就追得上」這回事

這裡可能是最殘酷的事實，因為數據顯示，**數學是沒有什麼「之後再用功一下就追得上」的**。

還請看一下第51頁下方的圖表。這裡針對二〇一七年考上第一志願東京大學的132人進行了調查。

從圖表可看出，考上東大者中僅有9人在國小時偏差值不到50。占了整體不到7%的人數。連同上方的圖表一起看，可以發現：**從國小到高中三年級這段期間，偏差值幾乎不會有變動**。

※編輯註：偏差值和臺灣的學測級分或PR值算法不同，但意義差不多；偏差值愈高，代表成績愈好。

如同前面提過的，數學大致可以分為三個類別，都必須各自「先把前面的基礎一一打好」才行。

假設沒有弄懂「位數」的概念，那就沒辦法進一步理解小數或分數。也就無法豁然開朗地明白為什麼「1×0.25會比1小」「1÷0.25會比1×0.25大」。

又或者是在「10+x=15」這樣的公式中，搞不清楚「x=5」的孩子，看到「2x+5y=19　3x=9」這樣的方程式，也算不出來「x=2　y=3」。在這樣的狀態下，就算讓叫孩子做一百道方程式的練習題，他也解不出來。

畢竟，在數學的學習上，「只要多做題目就行」這種「靠毅力」的方式，基本上是沒有意義的。

此外，跟國文或英文不同的是，在數學上如果卡關，也會影響到其他科目。

物理就是個很好的例子。物理不只要用到平方根或函式等做計算，透過數學培養出來的邏輯思考也是不可或缺。

根據國小五年級的偏差值　高三時偏差值 60 以上的比例

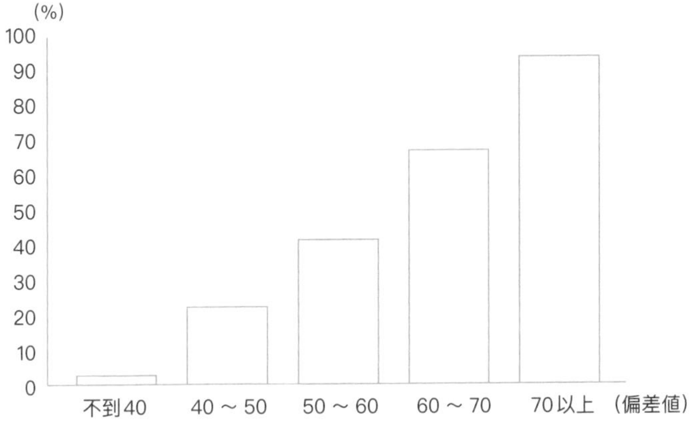

※ 針對國小五年級～高中三年級連續進行相關科目測驗的 2948 人進行調查。高中三年級採考生申請大學的三科：文組（國英社）、理組（英數自）為準，不確定的情況則採較高分者計。

2017 年度應屆考取東大者 132 人國小五年級時的偏差值

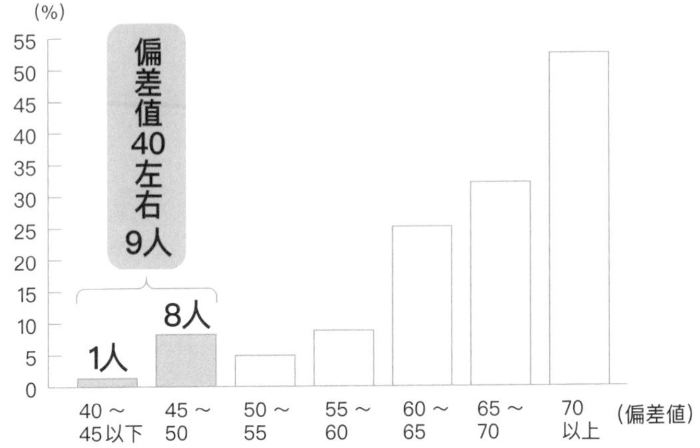

※ 針對 2017 年度應屆考取東大的 132 人進行調查。國小五年級時的測驗為 2009 年 11 月實施之全國統一小學生測驗，考生約 3 萬人。

資料來源：每日新聞 2017 年 10 月 20 日

在數學亮起黃燈的孩子，物理有相當大的機率會亮紅燈。導致兩個科目的成績都無法進步。

導致升學考試差異的，終究還是「數學」

從前述的背景可看出，數學可說是一門只要稍有失足，落差就會愈來愈大、難以填補的科目。因此，**在升學考試時，數學愈好的孩子就愈容易有好成績**，這樣的傾向相當明顯。

還請看看第53頁的表格。由此可一覽該學校整體考生與錄取者的科目平均分數。

在大多數的學校中，國文、自然、社會的「錄取者平均分數」與「整體平均分數」並沒有太大差異；但數學的「錄取者平均分數」與「整體平均分數」則差了有10分以上。

錄取．未錄取的分歧點就在於數學成績？！

⦿**都內私立中學入學考試結果**（過去五年平均）

科目	國文	數學	自然	社會	合計
錄取者平均	50.7	61.6	61.7	53.4	**227.4**
整體平均	43.5	48.5	57.5	48.8	**198.3**
滿分	85	85	70	70	**310**

※ 資料來源：開成中學官網

錄取者平均與整體平均之差異（（錄取者平均－整體平均）÷ 滿分）

數學（15.4%）＞國文（8.5%）＞社會（6.6%）＞自然（6 %）

⦿**都內私立中學入學考試結果**（過去五年平均）

科目	國文	數學	自然	社會	合計
錄取者平均	39.6	38.2	27.4	27.0	**132.2**
整體平均	32.9	27.8	22.4	23.5	**106.6**
滿分	60	60	40	40	**200**

※ 資料來源：早稻田中學官網

錄取者平均與整體平均之差異（（錄取者平均－整體平均）÷ 滿分）

數學（17.3%）＞自然（12.5%）＞國文（11.2%）＞社會（8.8%）

換句話說，數學好跟數學不好的孩子差異很大，這讓數學好的孩子更容易有好成績。

而且數學的加權常常比其他科目更高。在日本，如果要考取知名的私立中學，則國文、數學的加權常是自然、社會的好幾倍。

這樣的分數加權也反映出了學校追求什麼樣的學生，因此可得知頂尖學校大多都會想要「數學好的孩子」。

正確學習方式
3

數學是一門不可忽略的科目。
首先不要讓課業進度落後，
一一理解之後繼續向前邁進吧。

遺憾的事實 4

成績一旦掉下去，要透過學校教材和練習再拉起來超困難

到目前為止，您應該已經了解到數學的重要性，以及數學與其他科目的差異。

以此為前提，我想進一步強調的重點是：如果在課堂或考試上有任何不安或疑問的話，就要「下定決心回到上一步」。這個「下定決心回到上一步」的方法有很多種，還請觀察一下孩子的情況，採取適當的方法。

1 明確知道哪裡不會、哪裡不擅長的情況

「覺得平面圖形很難」「不擅長計算分數」等等，孩子明確知道自己不會哪個單元

的情況，**還請回到跟該單元有關的上一個單元**。

這裡不是要回到學校上一次教的地方（例如，如果在下學期卡關就回到上學期的內容），而是要以單元為單位來思考。

- 如果不會「立體圖形」，就要回到「平面圖形」
- 如果不會「除法」，就要回到「九九乘法」

採取這個方法，可能要追溯到二年級下學期或是三年級下學期才行。

但下定這樣的決心正是重點所在。如果只是把進度倒回去一點點，孩子就容易覺得「我這個也不會，那個也不會」。雖然有可能只是稍微忘記，但如果孩子就此埋下數學很難的印象，那就很嚴重了。因此，反而要告訴孩子：

「我們從這裡再學看看吧！」

勇於回到上一步才行。如此一來，孩子才能在升到下個年級的過程中有「解決問題」的感覺，也才不會造成太大的負擔。

國小三年級的小哲，不管怎樣都搞不懂「時間的計算」。我們發現他不會算時間，是因為沒有學好怎麼看時鐘的關係。所以就回到一年級的教科書，複習了看時鐘的方法。這之後，他就順利學會三年級範圍的時間計算了。

數學這個科目是要靠累積，像這樣的措施也是必要的（不過關於時間的計算，在克服難點的優先順序上較低，詳情將在第二章中說明）。

遺憾的是，**在目前學校的教育中，我們很難看清楚單元與單元之間的關聯**。因此本書也特別刊載了ＲＩＳＵ平板教材中用到的單元關聯圖（第１８０頁）。

如果是明確知道自己不會哪些單元的孩子，還請以此關聯圖做為克服數學卡關的參考。

2 不知道有哪裡特別不會，成績卻不太好的情況

大多數的孩子擅長和不擅長的地方都不太平均。因此，有很多人會不清楚自己到底是哪裡學不好。

這樣的情況下，建議**先評量孩子整體的實力，之後再挑出答錯的問題即可**。

實際上使用RISU教材時，我們也會先讓學員做一個綜合實力評量。在分析成績時，我們發現幾乎沒有任何一個孩子的年級和實力，是正好跟得上每個單元的。就比例上來看，實力能完全跟上學校學習進度的孩子，總共只佔了整體的10%。**其餘90%的孩子，總是有某幾個單元會跟不上學校的學習進度。**

例如三年級的孩子，對於計算可能有四年級的程度，但對於圖形則只有二年級的程度，會有這樣的落差存在。

如果想評量孩子在一般教材中的實力，可以透過「數學能力檢定」來進行。

聽到「數學能力檢定」，您可能會覺得「孩子就已經數學不好了，怎麼去考檢定呢？」但並不是這樣的。數學能力檢定的好處，就在於能夠看見孩子擅長和不擅長的地方，並做為學習數學的參考依據。

為了找出孩子的困難點，還請讓孩子報考與年級相符的級數。這樣就能馬上知道孩子在國小數學的出題內容中，有什麼不會的地方。

數學能力檢定的成績單上都會以單元為劃分，標出正確與錯誤的地方。例如「偶數與奇數」「乘數與被乘數」「排列與組合」等，您可以按單元清楚瞭解孩子卡關的地方。

透過這種方式來鑑別弱點，就比較不會讓孩子留下自己「不擅長數學」的感覺，而是會知道「這個單元我還不夠熟悉」，掌握自己具體的學習狀況。如果已經知道孩子哪些地方不會，只要透過第180頁的圖表，回到該回去的單元學習就好。

※**編輯註**：臺灣的讀者可參考「卓越盃全國競賽」等相關資訊。

此外，雖然只要接受過一次數學能力檢定，就能獲得足夠的資訊；不過如果在升上不同年級，或是成績有所變化的時間點進行評量，就能更有效知道孩子擅長與不擅長的地方。

如果在數學能力檢定中拿到好成績，也可以讓孩子挑戰更高的級數。如果能以通過檢定為目標，孩子說不定就會雄心勃勃地想要超前一個年級的進度，甚至兩個年級。

你無法預測孩子會在什麼時候、哪個單元卡關。因此只要超前學習孩子擅長的部分，在遇到卡關時就能有餘裕大膽回到上一步。

我將這種超前學習的方法稱為「學力儲蓄」。跟儲蓄一樣，儲備學力是很重要的。

正確學習方式
4

不知道為何成績差的話，就用數學能力檢定來判斷孩子不擅長的地方吧。

遺憾的事實
5

叫孩子寫作業，會讓孩子的學科能力變差?!

「作業寫完了嗎？」

家長們每天都會掛在嘴邊碎碎唸的話，就是叫孩子寫作業了吧。實際詢問關於孩子學習的煩惱，許多家長都表示：

「我家的孩子都不好好寫作業。」

雖說如此，為什麼大家都要那麼在意作業呢？果然是因為關係到學校的成績，才不得不盯孩子寫作業吧？這點確實無法否認。

但根據多個統計結果，事實卻是「寫作業並無法提升學科能力」。更有甚者，還告訴我們**「寫作業對學科能力會有負面的影響」**。

首先，這裡來介紹一下針對作業和學科能力進行的國際比較調查，以及以其追蹤調查為目的所進行的統計調查。

美國學者杰拉爾德教授（Gerald K. LeTendre）與貝克教授（David P. Baker）的研究團隊，分別在一九九四年與一九九九年，以40～50個國家的小四生、八年級生以及高三生為對象進行了兩次調查。分析的結果顯示：

「作業的份量和學科能力並無相關性。」

也就是說，**作業寫得是多是少，跟孩子的學科能力並無關聯**。

此外，美國杜克大學的哈里斯·庫柏教授（Harris Cooper），在二〇一六年也進行了相同的調查。

根據調查結果，再次確認了「孩子的學科能力，並不會因為作業做得多就有所提升」。此外，該調查還進一步指出，**「給幼稚園到國小的孩子的作業，只會帶來不好的影響」**。

這份研究被視為「作業研究的權威」，影響遍及世界各國的學校教育課程。

愈認真寫作業的孩子，學科能力愈容易變差?!

話說回來，為什麼作業對孩子的學科能力會有不好的影響呢？讓我們試著思考一下：

作業這種東西，大多都是來自學校當天教的內容。

假設有個孩子在學校上課的時候，就有聽不懂的地方。那他在回家做作業的時候，就會因為根本還沒搞懂而解不出題目。

但在家裡，是沒有老師可以教他的。

已經因為不懂而感到困擾的情況下，還會被爸媽碎念：

「快把作業寫完！」

「沒把作業寫完就不可以〇〇！」

「為什麼這種地方也錯呢？」

像這樣一再重複的話，孩子很容易失去學習的動機。一旦失去幹勁，學科能力也就跟著直直落。

會讓孩子喪失學習動機的作業，對孩子而言有百害而無一利。根據庫柏教授的研究，要等孩子升上高中後，寫作業才會有效果。

另一方面，如果作業輕輕鬆鬆就能解決，代表孩子對那個單元已經有充分的理解；這樣的話，其實也就不用特別把待在家裡的時間拿來寫作業了。

不管在學校有沒有搞懂，作業都不是有效的學習途徑。如果能這樣理解的話，即使孩子不做作業，家長應該也不會覺得那麼礙眼了吧。

「就算是這樣，也不能真的不寫作業吧？」

「老師已經出了作業，還是得寫吧。」

「怕孩子養成偷懶的習慣，實在沒辦法告訴他不寫也沒關係。」

應該有很多家長都是這樣想的。確實，要對孩子說出「作業不用寫沒關係！」實在是有點困難。

這樣的情況下，讓我們重新審視一下作業的寫法吧。現在多數的家庭，應該都是「讓孩子自己寫作業，而且是一個人寫作業」。

然而如同前述，在學校沒搞懂的地方，就算想自己在家解開，應該也解不出來。但如果不把作業寫完，又會被爸媽罵；這樣的話，就只好姑且敷衍一下寫完了——孩子很容易養成這種不好的習慣。而如果作業錯誤百出，那又要挨老師跟家長一頓罵了。以上情況會建立一種負面的循環，孩子的自尊心也容易變得低落。

為了避免這種情況，首先**請不要讓孩子獨自寫作業**。請比過去更積極地幫孩子看作業吧。這不僅限於數學而已。

國字的唸法是國小經典的作業，如果孩子有不會唸的地方，就可以由家長唸給他聽。我的朋友有位閱讀障礙的孩子，但如果由家長唸國字的作業給他聽，在學習上也不構成問題。重要的是不要讓孩子形成**「討厭寫作業→討厭唸書」**的想法。

每天幫孩子看作業很煩嗎？如果會這樣覺得，那您可能就不該對孩子不寫作業這件事指手畫腳（如果家長連都覺得煩，孩子當然也就不想做）。

至少改掉嚷著「快去寫作業！」的習慣，改成對孩子說「你的作業需要幫忙嗎？」
光只是這樣，就能大大減輕孩子的負擔。

正確學習方式
5

不是叫孩子「快去寫作業！」
而是問孩子「你的作業需要幫忙嗎？」

遺憾的事實
6

就算一次花很長時間唸書，也很難真的學會

我所提供的教材因為是使用平板，能時常詳細記錄孩子學習的過程。這不只能追蹤「哪個孩子能夠答對哪種問題，又會答錯哪種問題」，還能詳細記錄「解開一道題目要花上多久的時間」「幾點開始學習，到幾點結束」等等。因此即使不用面對面，也能提供孩子個別的詳細指導與學習上的建議。

我在試圖用這些數據捕捉學習的習慣時，從中發現了有趣的傾向。以下將根據這些記錄談談關於學習習慣的話題。

遺憾的是，即使是在同個時期花相同時間學習的孩子，在提升學科能力的程度上仍有落差。

明明已經花很多時間唸書，成績卻沒有進步的孩子；和只要有花時間念書，成績就會變好的孩子，差異到底在哪裡呢？

其中一個答案就是「學習的時間長度跟次數」。

我們從孩子的學習數據，對照了「一次花長時間學習的長時間型（合擊型）」與「花好幾次短時間學習的短時間型（分進型）」的差異，發現後者（花好幾次短時間學習）的成績有較明顯的進步。

短時間型和長時間型的孩子，實際上的學習進度（學習速度）落差有10％之多。這也就是說，**短時間型的學習，要比長時間型的學習更有效率**。

如果要討論為何短時間型的學習效率更佳，目前雖然還沒有進一步的驗證，但恐怕跟**專注力的持續時間**有關。在開始唸書的幾十分鐘內，要持續維持專注是很困難的。對國小學生來說更是如此。

該採取短時間學習，還是長時間學習呢？

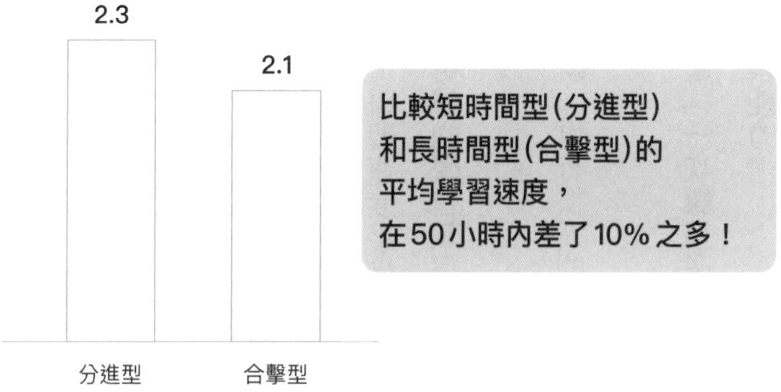
2.3
2.1
比較短時間型(分進型)
和長時間型(合擊型)的
平均學習速度，
在50小時內差了10%之多！
分進型
合擊型

此外，在總學習時數相同的情況下，如果是進行長時間學習的話，與上一次的學習之間自然就會有空白。

例如一個每個禮拜花三次20分鐘時間唸書的孩子，與只有每個禮拜天唸60分鐘書的孩子，總學習時數是相同的。

但與前者每兩到三天就會學習一次比起來，後者每七天才會學習一次。兩段學習時間之間足足空下了160～170個小時。如果相隔那麼久，原本已經理解的內容，也容易變成模糊的記憶，就有可能不小心忘記公式等等。

這樣一來，孩子還得花很多時間回想跟確認，導致學習效率低落。

「不要和上次學習相隔太久」，正是提升學習效率的秘訣

短時間型學習的效率較佳這件事，我們也可以從以下的數據看出。

由數據可明顯看出：不是只在平日學習，也會在週六或週日學習的組別，比起沒有這樣做的組別，學習速度平均提升了15％之多。即使總學習時數相同，在週末也會學習的孩子，能有更好的學習效率。

我們可以說，比起平日，週末更容易安排專注學習的時間；除此之外，能否保持學習的節奏不中斷，也有很大的影響。

因此，比起「一次讓孩子唸很久的書」，不如「每天讓孩子唸一點書」，這樣才更有助於提升學科能力。

週末唸書的孩子，學習效率提升 15%！

「全國兒童平均」與「週末學習組」之學習速度比較

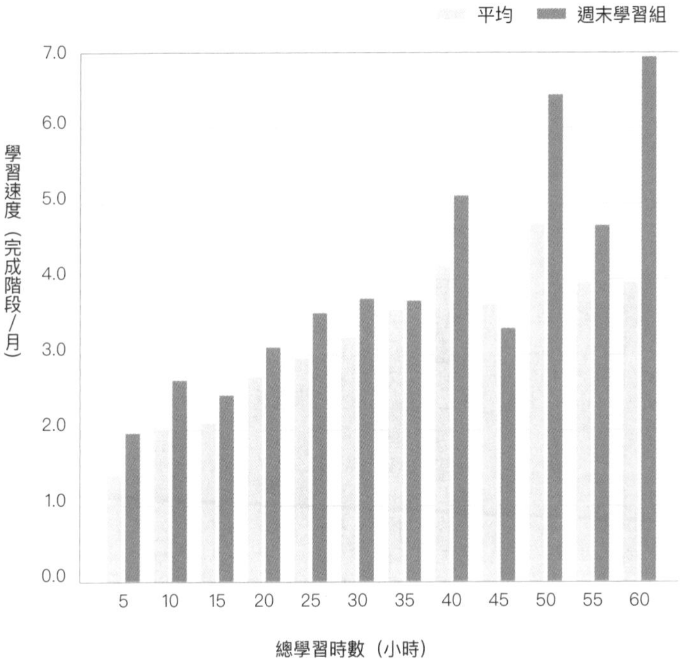

在週末的禮拜六或禮拜天也會學習的孩子，
在學習時數相同的情況下提升了15%的速度！
找出孩子可以專注學習的時間吧。

小心！碎片化學習的陷阱

看完前述的說明之後，您可能會認為：

「這樣的話，比起花一段時間唸書，是不是在一天之內利用零碎時間學習，成績才會比較好？」

第75頁的圖表，是根據學習份量相同的孩子，每次學習時間的長短進行分類比較。「每次的學習時間較為平均的孩子」與「每次的學習時間不到10分鐘的孩子」，在每個月花20～50小時學習的區間，成績（學習速度）有甚大的差距。後者的學習速度明顯會變得比較慢。

也就是說，即使「每天花時間分進學習」，如果一次不到10分鐘的話，學習效果其實是非常低的。還請確保孩子每次的學習時間，至少要有20分鐘左右。

在零碎時間累積學習很重要嗎？

相同時數下，改採碎片化學習的效果是？

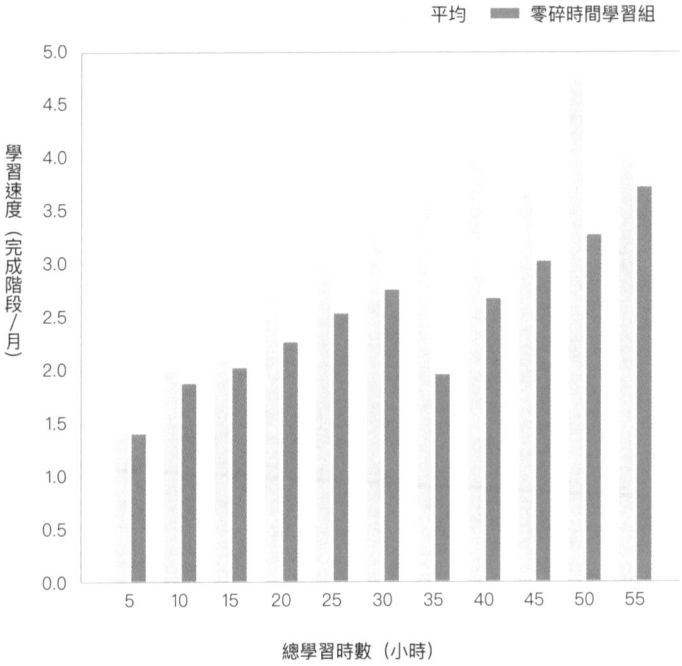

如果學習的時間一次不到10分鐘，
就算花很多天學習，實際的效果也不好。

綜合以上的資訊，就能得知：最能提升學科能力的學習法，**就是將週末六或日也包含在內，規劃每次20分鐘以上的學習時間，分進並持續地學習。**對家長而言，必要的事情就是協助孩子維持學習的節奏。

正確學習方式
6

讓成績能夠變好的學習習慣，就是每週學習「5～6次」，每次「超過20分鐘」。

遺憾的事實 7

複習的方式如果錯了，就根本沒用

對孩子的數學能力感到不放心的家長們，常對我說：

「多給他一些複習的題目吧！」

「幫孩子好好進行總複習吧！」

「複習」和「總複習」聽起來似乎很有效，又很好聽；就算考試的成績不好，只要孩子提到「現在正在做總複習」，家長就會有一種多少能放心的感覺。

在孩子的學習過程中，「總複習」看似是不可或缺的一部分，但我可以斷言：其效果實際上微乎其微，**花在上面的時間根本沒用**。這是個不證自明的事實。

有位不太擅長數學的小春同學，被媽媽要求參加總複習測驗。做完測驗後，小春拿了85分。媽媽看到這個分數，放心不少。

「答錯的題目要好好訂正喔！」

媽媽對小春這麼說之後，就沒再多過問。小春也按照媽媽所說的，把答錯的題目訂正過來；而因為她對85分已經很滿意了，所以也就是按照字面上所說的，僅僅做了訂正而已。

像這樣子的「複習」，僅僅是白費時間。孩子一定有「會的單元」和「不會的單元」。總複習能做到的，就是分出「會的單元」和「不會的單元」。不管做幾次總複習都無法提升成績，正是因為只有把「會的單元」和「不會的單元」抓出來，而沒有做其他處理。

所以，總複習測驗的分數，其實比起特定單元的測驗更沒意義。不是說考到85分，就能放心。重要的是要好好確認在測驗中沒拿到的那15分，到底是哪個單元，然後回到那些單元複習；甚至還要回到那個單元的基礎單元（請參考第180頁）進行複習才行。

有效提升學科能力！代替總複習的學習方式

如果您擔心孩子在學校課業落後，該做的不是總複習，而是要透過以下的4大單元來重新審視學習進度才是。

1 理解2～3位數的位值（國小一～二年級）

2 圖形組裝・立體的基礎（國小二年級）

3 單位與刻度的讀法（國小二年級）

4 理解圓與半徑・直徑（國小三年級）

這些都是如果沒有先搞懂，就無法理解進階內容的單元，也是統計上多數孩子最為苦惱的單元。

只要針對這四個單元進行重點複習，幾乎就能解決與這些單元相關的卡關問題。

例如，如果孩子不知道怎麼求出扇形的面積，那可能就是因為他其實不知道圓面積要怎麼求。又或者是在第二章中會詳細說到的，如果搞不清楚位數的概念，不僅會影響到「大數的計算」，也會連帶拖累到「四捨五入」「平均」「小數」「直式除法」等各單元。

為了有效提升學科能力，還請好好學習並重新複習這些關鍵單元吧。

正確學習方式

7

比起總複習，更重要的是專注在4個關鍵單元。

遺憾的事實 8

唸書唸得愈晚的孩子，成績反而愈差

「用功到那麼晚辛苦了，你很棒！」

您或許想像過在孩子唸書唸到很晚的時候，幫孩子準備個宵夜。雖然這樣的心情我懂，但還請等等——因為這樣的行動，實際上可能會讓孩子的成績變差也說不定。

RISU的數據顯示了一個遺憾的結果：如果將「晨間型的孩子」設定為100，則「熬夜型的孩子」的學習速度只有73%，持續力只有48%。

在這個調查中，晨間型的定義是「早上10點之前」；夜間型的定義是「晚上6點過後」；熬夜型的定義是「晚上8點過後」，並據此區分出學習時段。

與晨間型相比，夜間型、熬夜型孩子的「學習理解速度」與「學習持續時間」，會隨著學習時段愈晚而下降。也就是說，**唸書唸得愈晚的孩子，效率不但會愈差，持續力也會變差**。

這到底是怎麼一回事呢？

為什麼「唸書到很晚」沒辦法讓成績變好？

過了晚上8點以後數值就大幅下降，看來是因為「大腦累了」。

孩子們在白天沉浸在各式各樣的事情中，從起床到晚上8點已經超過12個小時，不管是身體或是大腦都已經很疲憊。

睡眠能消除身體跟大腦的疲憊。因此，在早上唸書進度就能變快。作家或企業家大多是早起人，我們也可以由此經驗得知，大腦在早上的效率應該比較好。

在晚上學習的效果如何呢？

學習時段與學習理解的速度．持續時間

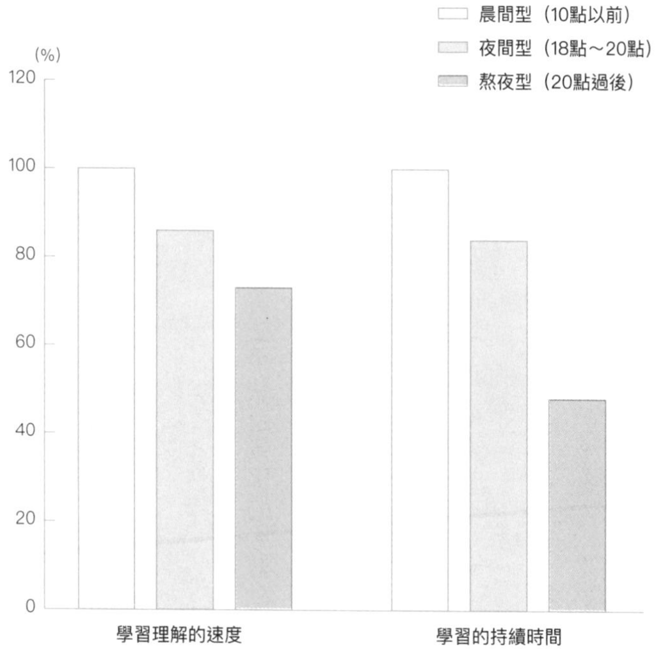

**超過晚上8點唸書的話，
學習速度跟持續時間都會大幅下降！**

如果是考生的話，從補習班回家之後，有很多孩子應該還會在睡前唸點書。我自己是個會熬夜的人，很懂這樣的感覺。

我記得自己也曾唸書到晚上，這時媽媽會為我端上一碗平常餐桌上不會出現的雞湯泡麵，我便會很開心，然後繼續用功到深夜。

不過，從統計數據來看，這樣的學習法是缺乏效率的。鼓勵孩子熬夜唸書，或是在孩子唸書到很晚時給他優於平常的激勵，會讓孩子習慣唸書到很晚，學習效率容易變得更差。

「熬夜唸書」可能帶來的壞影響

此外，因為唸書是一種「習慣」，如果變得習慣熬夜，則孩子可能接下來好幾年都會採用這種方式學習。

例如在考試前三十天，每天唸書2小時的話，晨間型孩子的吸收度是60，熬夜型孩子的吸收度可能只有30～45。

想得更直接一點，熬夜型的孩子等於就是把那些時間（15～30個小時）白白浪費掉了。

如果是從上國小到大學畢業的十六年間，都採用這種「熬夜型」學習法，那帶來的壞影響可能就很可怕了。

小結：理想的唸書時間

果然在早上唸書還是最好的。只有10分鐘也可以，從培養早上唸書的習慣開始吧。**早上唸書10分鐘相當於晚上唸書20分鐘。**不要覺得「才10分鐘」，這是培養習慣的開始。習慣了之後，再把時間慢慢拉長到15分鐘、20分鐘，孩子就不會覺得困難了。

如果晚上需要唸書的話，就還請在晚上8點之前結束，希望您能讓孩子培養這樣的習慣。

我知道各位爸爸媽媽都很忙，如果晚餐晚吃，唸書的時間也容易跟著延後；但習慣是需要日積月累的，些許的差異將會在日後成為巨大的落差。

到最後即使花同樣的時間唸書，也填補不了這樣的落差……所以，還請重新審視一下孩子唸書的時間吧。

正確學習方式
8

比起晚上唸書30分鐘，早上唸書20分鐘更能提升成績。

遺憾的事實 9

家長愈關心孩子成績，孩子成績愈差的3個案例

透過教材和體驗課等場合，我與許許多多的家庭接觸過，並且深深感受到：有許多家長真的對孩子很熱心，也很努力。

但是在這之中，也有家長努力的方向其實是錯的。在這邊，我將從家長們告訴我的擔憂之中，介紹幾個熱心反而造成反效果的例子。

「孩子的成績沒有變得像我想像的那麼好。」

「我的孩子總是提不起勁用功。」

「我家的孩子就是讓人很不放心……」

如果您也是有這些煩惱的爸媽，還請務必參考看看。

1 努力「解決卡關」，結果成績反而變差

許多家長很容易往錯誤的方向努力。典型的例子就是想幫孩子「解決卡關」。許多爸媽都會找出孩子卡關地方，然後拚了命地想解決問題。在大多數的情況下，爸媽愈努力，孩子的成績卻反而會愈差。

不只唸書是這樣，學習一項運動也是相同的。比起接球，更擅長投球的孩子，就應該讓他多練習投球。

「一定要讓他也學會好好接球才行。」

被這樣的想法所束縛，叫孩子瘋狂練習接球的話，孩子可能只會變得討厭棒球吧。該做的是讓孩子多練習投球，把他培養成一名投手才對。這樣不只孩子開心，教的人也比較輕鬆。

接球的技術，則自然會在練習投球時慢慢提升。

我已經在這種地方講過這個例子，應該也有很多人聽過類似的故事吧。然而，**知道跟做得到是兩回事**。

先前我也曾從家長那邊收到這樣的信件：

「孩子終於在時間的單元拿到滿分了，但解題實在解得太慢。希望老師可以更常出複習的題目。」

熱心的家長們很容易只著眼在孩子卡關的地方。這樣孩子即使考了滿分，想必也沒有受到讚美吧。家長肯定會說些：

「再多練習才能解得更快喔！」之類的話。

這樣很容易就變成在雞蛋裡挑骨頭。而就算對這樣的家長說：

「比起去挑孩子的毛病，更該在他做到的時候先給予讚美。」

大多數家長也還是不會想到這點。如果家長無法在孩子解開題目時分享喜悅，或是孩子的考試成績明明不差，卻總是想著「希望他再多複習一點」「希望他再多做一些練習題」，就有可能演變成鑽牛角尖的情況。

這樣容易讓孩子的學習動機低落，還請務必留意。

「雖然花了點時間，但你拿到滿分囉！很棒！」

只要這樣告訴孩子就已足夠。

2 就算只是謙虛，如果爸媽把孩子當作「不會唸書的孩子」，孩子的成績就會變差

這裡再舉一個熱心的家長容易重蹈覆轍的情況。那就是經常會說：

「我的孩子實在是數學不好。」

和其他家長或老師談話的時候，您是否也經常會說出：

「我們家的孩子就是不會唸書……」

「我們家的孩子成績真的很差……」

這類的話呢？即使家長的本意只是要表示謙虛，孩子卻會把這樣的訊息照單全收。這會導致孩子有先入為主的觀念，半自我暗示地認為「我數學不好」「我不會唸書」「我頭腦很差」。不知不覺中，這樣的先入為主還有可能透過行動變成現實。

下一封信件，是來自有位正在學習小一範圍數學的大班孩子的母親。

「雖然KIDS程度（一上的前導部分）他都已經順利解完題目，三兩下就做完了。但因為他的數學實在不好，才希望老師可以幫他反覆加強基礎的部分，結果已經解過的問題他又變得不會了。」

能夠超前學習國小數學的孩子，應該很擅長數學才是（RISU的教材系統不是按照年級分類，而是能夠依擅長的單元循序漸進地學習）。無論如何，從信件內文看來，這位媽媽似乎先入為主地認為「我的孩子數學不好」。實際確認孩子在RISU上的學習記錄後，其實他解開的題目已經輕輕鬆鬆超前一個年級的進度了。

我們不知道這位媽媽是謙虛，還是在孩子身上投射了自己對數學的苦惱，但像這樣「孩子明明就做得很好，家長卻說他做不好」的情況還不少。家長光是覺得「孩子不會唸書」「孩子數學不好」，這樣的想法就會對孩子造成不好的影響。

就我到目前的經驗來說，會陷入這種模式的大多是一肩扛起孩子教育責任的媽媽——也就是被交代「要好好注意孩子的成績」的媽媽。

如果父母有其中一方學歷比較高，另一方就很容易產生不必要的壓力，覺得：「孩子的成績不好，都是我的錯。」

在這樣的心理狀態下，就有可能對孩子的學習情況判斷失準。

3 如果把稍微狀態不佳概括成「數學不好」，孩子的成績就會變差

我們總是會有狀態好跟狀態不好的時候，**孩子的狀態當然也會有起有伏**。在動機十足的時候，任何題目都可以迎刃而解；但如果狀態不佳，那可能連簡單的問題都沒辦法好好思考——孩子也會有這樣的時候，但大人卻總是忽略了這件事。

例如，有很多家長會直接來找我商量孩子的事，他們會說：

「孩子說因為遊戲某關一直破不了，所以現在不是唸書的時候。該怎麼辦才好呢？」（笑）

正是如此，如果有對孩子來說「很重要的大事」，那真的就不是唸書的時候了。

在這種時候，就算數學已經上到新的單元，那也不重要了。因為孩子滿腦子只想著

要怎麼樣破關，對老師教的內容心不在焉，當然也就無法勉強他把新單元的題目都做對。

另一方面，家長可能沒有注意到孩子正在煩惱的事情，而是會擅自認為「孩子不擅長這個單元」。但孩子或許只是思緒一時飄走而已。

「不擅長」的先入為主觀念很容易根深蒂固，一旦開始這麼想，則不管是大人或是孩子都很難擺脫這種想法。

就算孩子今天心不在焉，明天把遊戲破關之後，可能就輕輕鬆鬆學會了也說不定。希望您不要只憑一天的表現，就將孩子判斷為「不擅長數學」「數學不好」。

此外，在要求孩子用功的時候，「我家的孩子數學不太好，所以我跟他說『你數學已經不好了，要用功！』希望他能自己求進步；但只要我不開口叫他唸書，他就紋風不動。」

如果像這封信一樣，一直「不好不好」地講個不停，不管是誰都會失去幹勁的。如果想要教出數學好的孩子，家長能做到最好的一件事，就是提升孩子的學習動機。**專注在孩子做得好的地方，讓孩子擁有「我數學很好」的自信，一定比專注在孩子不擅長的地方更有效果。**

找不到值得誇獎的地方嗎？沒有這回事。

當孩子考了80分的時候，不要只看見他沒拿到的20分，而是要誇獎他拿到的80分。如果閱讀題答對了，就稱讚那個部分；如果考得比上一次好，就稱讚這個部分。為了提升孩子的學習動機，看見孩子的好比任何事情都重要。

隨著學習階段不同，孩子的動機會有所起伏，當然也會有擅長跟不擅長的單元。不該只注意那些不擅長的地方、光想著要複習那些地方，而是要先從擅長的地方繼續，孩子才會有幹勁，學習也才會有效果。

假設孩子不擅長立體圖形，不管怎麼講都聽不懂的話，這個部分就可以先暫停一下，改成從他擅長的其他單元開始解題。過幾個月後再回到立體圖形的問題，孩子通常很快就懂了。這是常有的事。

正確學習方式
9

比起孩子不會的地方，更該看到孩子擅長的地方。

遺憾的事實 10

你以為自己在激勵孩子，卻反而消滅了他的學習動機

常看到家長已經做了很多努力，孩子的成績卻沒有變好。這可能不只是因為家長搞錯了努力的方向，還有可能是因為家長在不知不覺中，消滅了孩子的學習動機也說不定。

我們來看看兩個典型的例子吧。

不是在「教孩子」，而是「自顧自地解題」的爸媽

我們經常在購物中心等場所舉辦介紹教材的活動。我最近留意到的是，**那些代替孩**

子、自顧自地把題目解完的家長。

孩子正想解開平板上面的數學題，正在想破了頭、手都還來不及動，結果不到30秒，家長就馬上說：

「這個題目你也不會？」

然後從孩子身後瞅著平板，劈哩啪啦地就把題目解完。再對孩子說：

「你看，這樣不就解開了嗎？」

從家長的角度，認為自己是在教孩子，但事實上卻是剝奪了孩子嘗試錯誤的權利。這樣是無法提升孩子的能力的。

熱衷於孩子教育的家長之中，總是會有這種誤以為只要自己找出解答、秀給孩子看，就是在「教孩子」的家長。

「這邊是要這樣解才對啦。」

要不就是自顧自地解題；要不就是從孩子背後盯著他唸書，發現孩子好像快寫錯的時候，就忍不住出聲。

在這樣的狀態下，孩子就像是家長的傀儡，理所當然會失去自行解題的能力。而另一方面，家長還會煩惱：

「我明明已經教過他了，為什麼還是不會呢？」家長應該注意別讓自己按下了錯誤的按鈕。

我們從下面來諮詢的信件中，也可以看到相同情況。

「我的孩子原本就已經搞不太懂時間的概念，數學不太行。第一次考試時我有給他一點解題的建議，考過是考過了，但感覺他沒把概念好好裝進腦袋裡。到現在我已經解釋了好幾次，他還是過沒三兩下就又開始搞不清楚。」

在這封信件中提到了「第一次考試」，也就是說從一開始就是家長在告訴孩子答案。

家長一開始就向孩子暗示解答，孩子沒有辦法嘗試錯誤，當然就沒辦法「自行思考」。更何況，這會讓孩子看起來像是「靠自己的力量解題」，也就更得不到透過解說來真正理解的機會。

如果從小就是用這種方式學習，培養得出能意識到「要自己思考，才能解決問題」的孩子嗎？

像這樣在學習上被家長剝奪了主導權的孩子，其實出乎意料地多。

在孩子面前解答給他看，並不是在教孩子如何學習。如果不知道要用什麼方式教導孩子，希望您能尋求專業學習教材或是專家的協助。

會在無意間拿孩子跟手足或其他孩子比較的爸媽

「我們家的姊姊明明很會算直式，不知道為什麼妹妹就完全學不會。該怎麼辦呢？」

我這裡收到了這樣的諮詢。就算是姊妹，兩者也是不同人；沒道理姊姊會的東西，妹妹就一定要會。您可能會覺得，這不是理所當然的事情嗎？但處於教養孩子的風暴中心時，為人父母的往往會看不清這個事實。

會被拿來比較的還不只有兄妹而已。

「人家〇〇都會，為什麼我家的孩子就是學不會呢？」

「前面的單元明明解得比〇〇還快，為什麼這個單元就比人家慢呢？」

很多家長應該都有過這樣的想法吧。

每個孩子提升學科能力的方式，以及最適合的學習方式都不同。題目本身的難易度，以及孩子所感受到的難度，大多也都有所差異。如果硬把兄弟姊妹或身邊其他孩子的方式套用在自己的孩子身上，對孩子來說是不會有好結果的。

想想孩子還小的時候，從會翻身、會走路，到開始牙牙學語的時期，每個孩子都有所差異。但年紀到了之後，大家不也都把這些事情學會了嗎？

數學也是一樣的。

「為什麼其他孩子做得到，我的孩子做不到？」家長或許會抱持這樣的不安，但這是因為每個孩子有每個孩子的步調與個性。

家長能做的事，就是尊重孩子的步調和個性。當孩子能獲得尊重，就能夠慢慢獲得自己的力量。

沒關係，就算學得比別人慢，只要孩子不放棄，就一定能獲得力量。

在學校，孩子不可避免地會被拿來跟同儕比較；而孩子也會拿自己跟周遭的孩子比較。

「他考了一百分，但我沒有……」

就算別人不說，孩子自己心裡可能也很受傷。大家一定聽過孩子講過

「○○很聰明喔！」

「○○考了一百分耶！」

之類關於很會唸書的朋友的事吧？如果是很在意別人的成績，也很在意自己成績的孩子，就會像這樣告訴爸媽。

萬一這種時候，爸媽卻說：

「〇〇可以考一百分，那你怎麼考不到？」

就等於是讓孩子變得無處可逃。在家庭中，請不要拿孩子跟其他人比較，而是要著眼於孩子本身的成長。

正確學習方式 10

你該教孩子的不是解題的方法，而是思考事情的方法。

遺憾的事實 11

家長能幫上忙的地方，其實「微乎其微」

「唯有讀書這件事，如果自己不努力，也沒辦法靠別人。」

關於學習，特別是數學，這句話貨真價實；但那些成績順利提升的孩子，其周遭環境其實存在著「某個共同點」。在這一小節中，將介紹這個共同點——**在提升孩子的成績上，家長能幫得上忙的事**。

RISU能夠將孩子的進度報告及成績資料等，一次發送到多位會員的信箱。因此，就可以讓包括孩子的父母，甚至是祖父母在內的多位家人，共同掌握孩子的數學學習狀況。

我們比較了登錄多組信箱與沒有登錄多組信箱的家庭，發現在孩子的學習速度上，前者比後者提升了多達148%的學習速度。也就是說，關心孩子的大人愈多，孩子在學習上就進步得愈快。所謂關心，指的不只是掌握孩子的學習進度，例如當孩子正在學習立體圖形時，可以跟他說說話：

「你現在學到圖形了嗎？很認真喔！」或是邀請他：

「要不要一起來拚立體積木？」

在週末的時候陪他一起玩；又或者是單純說句

「你已經進到下一個範圍了呢！」

光只是這樣，就能幫助孩子加速學習。

其實，我會建立這樣的多人關心系統，並沒有特別的理由；一開始只是覺得這樣好像很不錯。但實施之後，便意外發現這樣能讓孩子的學科能力脫穎而出，我自己也嚇了一大跳（笑）。

對孩子的關心，不只是父母能做到的事；連祖父母都可以加入行列。爺爺奶奶通常比爸媽更會讚美孩子。還請讓孩子聽到更多正面的聲音吧。

讓更多人關心孩子的學習內容，肯定他的努力，然後給予正面的話語吧。你可能會覺得這只是微不足道的小事，但光是這樣，就能讓孩子的成績持續成長。

這個方法不但非常簡單，還非常有效，還請務必嘗試看看。

正確學習方式
11

有愈多人關心，孩子的學習狀況愈好。

遺憾的事實 12

「因為是女孩子」不能當作藉口

我想這個事實對女孩子來說，反而值得慶賀。

有很多人會覺得：

「男生數學（理科）比較好，女生比較不擅長數學，文科比較好。」

但其實這**完全是錯誤的認知**。

首先，在計算能力上，男女其實並無太大差異。

在數字較大的減法、小數和分數的詳細計算、質因素分解等部分，結果顯示女生的成績略高於男生。女生似乎更擅長這種需要細心的計算。

另一方面，男生在圖形（特別是立體圖形）或圖表相關的部分，男生的表現則通常優於女生。在我們的數據中，如果將男生的平均成績定為100%，則女生大約位於85%。

因此，我們的結論如下：

- 「女生比較不擅長數學」完全是錯誤認知。
- 不過，女生通常比較擅長計算部分，男生則比較擅長圖形部分，因此「在不同領域上才會男女有別」。

顛覆「女生不擅長數學」印象的4大戰略

以上述的事實為前提，在如何提升女孩子的數學能力上，我們整理了四個須注意的

對自己是文組還是理組的認知（學校階段・性別）

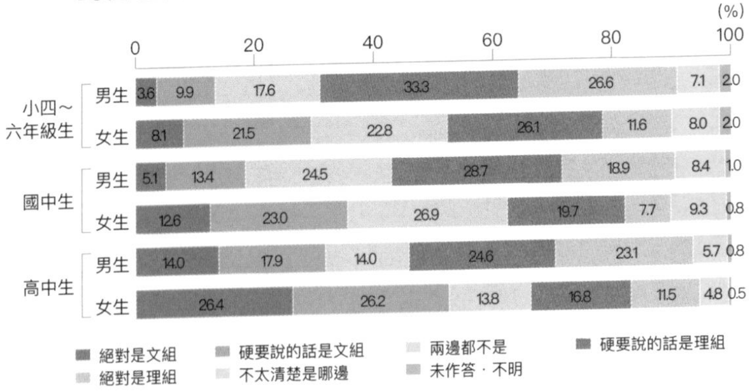

資料來源：東京大學社會科學研究所・Benesse教育總合研究所「2016孩子的生活與學習相關親子調查」

重點：

1 不要自我投射「因為我數學不好，所以女兒也一樣」

在現代社會中，仍根深蒂固地存在著「男生唸理組，女生唸文組」的刻板印象。

確實，在東京大學與Benesse共同進行的調查中，國小四～六年級的男生有13．5％覺得自己是文組，59．9％覺得自己是理組；女生有29．6％覺得自己是文組，37．7％覺得自己是理組，存在著男女有別的現象。這個差異在高中時又會更明顯，高中男生有31．9％覺得自己是文組，47．7％覺得自己是理組；女生有52．6％覺得自己是文組，28．3％覺得自己是理組。這個調查似乎也隱含著「男生唸理組，女生唸文組」的印象。

另外，有很多媽媽會在無意識中認為：

「我會什麼，女兒就會什麼；我不會什麼，女兒就不會什麼。」

這兩個事實加在一起的結果，造成媽媽只要看到女兒試圖想搞懂圖形的樣子，就會忍不住安慰女兒：

「媽媽以前數學也不好，所以這也沒辦法。」

「這個題目好難呀，媽媽也不會呢。」

許多媽媽似乎都沒注意到，這會在無形之中埋下孩子自認數學不好的意識，也會導致孩子的實力下降。

女兒聽到這樣的話，可能就會認為：

「媽媽說她數學不好，那我數學不好也是沒辦法的事。」

「我大概再怎麼用功都沒用吧。」

並因此喪失了積極向前邁進的力量。

2 不要無視孩子本身的興趣，叫她去學「女孩子該學的東西」

在本節的開頭介紹過「男孩子比較擅長圖形，女孩子比較擅長計算」，但也有這並不是由先天能力決定，而是**由出生到長大的環境所決定**一說。

您有讓家裡的女兒去學才藝嗎？

根據厚生勞動省以五歲六個月的孩子為對象進行的「第六回二十一世紀出生兒童縱斷調查結果之概況」的「才藝」統計，家長最常讓女兒學的就是「音樂（鋼琴等）」，比例為24·9％；再來是「游泳（18·3％）」「美語（14·1％）」「體操（9·8％）」和「芭蕾（6·0％）」。

在這之中，男女比例差異最大的才藝就是「音樂」和「芭蕾」。

以男生的情況來說，「音樂」只占了7．7％，「芭蕾」更只有0．1％，看得出家長是將其視為「想讓女孩子學的才藝」，才會選擇這些項目。這項調查是以五歲的兒童為對象，所以可以想像得到，其中可能包含了家長的心願，例如：

「想讓她學些女孩子會學的東西」、

「想給孩子這樣的教育」等等。

近來增加的機器人教室或樂高教室等等，可以大幅提升圖形和立體的能力。

雖然最近也能看到女孩子的身影，但大概只佔了整體的兩成，頂多三成左右。我和一位讓女兒長期去機器人教室報到的媽媽談話時，她表示：

「直到五年前，整間教室的女生都只有我女兒一個。」

由此可見，數理相關的才藝，男生學員明顯還是佔大多數。

從性別看學習的才藝種類（多選）

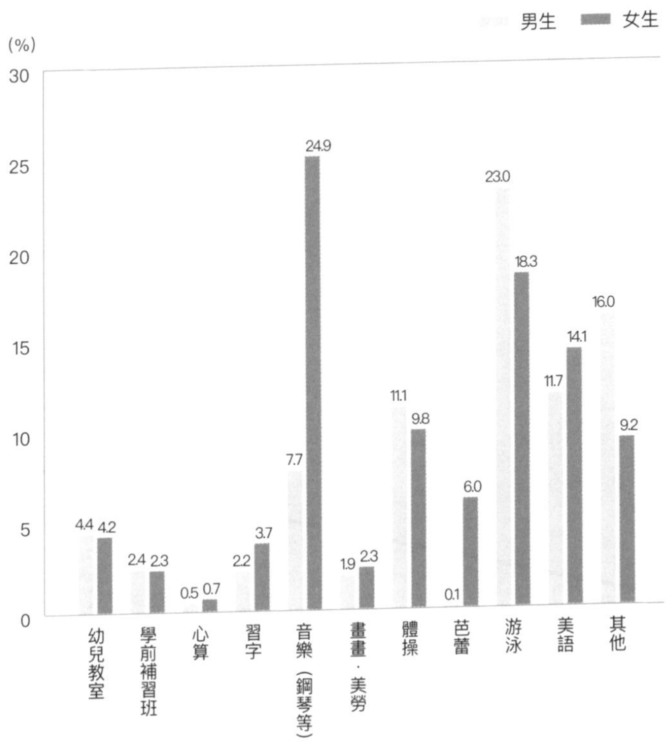

受到男女生歡迎的才藝大為不同！

※第六回調查的總回答人數共計38,535人（男生20,013人／女生18,522人）。

資料來源：厚生勞動省「第六回二十一世紀出生兒童縱斷調查結果之概況」

我認為在這樣的環境下，決定了男孩子和女孩子擅長／不擅長的方向的，並不只有單一原因。

實際上，在圖形等相關領域，男女生更容易產生大於原有能力差別的差異。

請不要只憑「因為是女孩子」這種理由來決定讓孩子學什麼，而是要讓孩子先廣泛探索自己的興趣。

您的女兒搞不好其實對鋼琴或芭蕾沒興趣，而是比較喜歡機器人或程式設計。只是因為從小就被「女孩子該學的事」包圍，而錯過了重要的「萌芽」成長到開花結果的機會。

3 避免和男孩子以速度決勝負

我認為**男女生的數學能力並無差異，但對數學理解方式的傾向卻大有不同。**

男生傾向「以速度決勝負！」解題的時候也總是求快，正因為如此，答對率就不一定高。

另一方面，女生則大多會花時間仔細解題。在模擬考的時候，在時間內將題目全數寫完的男孩子，和只寫完八成題目的男孩子，分數經常會相同。

圖形的題目也是一樣，男孩子總是在看完的時候就解完了。可以說他們是一邊動手，一邊思考。

女孩子則會先仔細端詳圖形，再來思考，然後再獲得解答。看到這樣的情況，女孩子的爸媽通常會誤會：

「跟那個男生比起來，我家女兒好像比較不擅長圖形。」

接下來要舉的例子是我實際收到的諮詢信件：

「關於圖形問題，在其他的孩子已經開始解題的時候，我家的孩子卻沒辦法三兩下就解開，這讓我很擔心。不知道老師有什麼好對策呢？」

我實際看了這個女孩子的圖形成績後，發現她進步得很快，解答率也高於平均值。也就是說，她其實很擅長圖形。然而，家長卻不是這樣想的。這也是因為有「女孩子數學不好」的刻板印象先入為主的關係。

女孩子大多會細心解題。如果忽略這點，要求她們跟男孩子以速度決勝負，就無法發揮女孩子細心的實力。

此外，就算真的不擅長圖形好了，也不代表數學整科都不擅長。就算不特別鑽研圖形，也能靠加強擅長的部分，來提高整體分數。找出擅長的部分，讓它變得更強，就能提升整體的數學能力。還請務必記得這一點。

4 透過「遊戲」的方式就能加強女孩子的圖形能力

我有個兩歲的兒子，所以有時候會去玩具賣場，或是從熟人跟親戚那裡收到給孩子的玩具。我總是覺得，男生和女生的玩具真的有相當大的差異。

男生的玩具比較偏圖形，像是樂高或塑膠模型等，理所當然般地有很多需要組裝立體的玩具。

如果是常玩樂高的孩子，看到像第119頁這種數學題中的積木圖形，馬上就能知道：

「沒看到的地方還有隱藏的積木。」

「後面還有好幾個積木。」

另一方面，大多數給女孩子的遊戲，則缺乏這種立體圖形的要素。

因此，如果突然在紙上教起這種題目，女孩們可能會一時搞不清楚。這在第二章中會再詳細說明，但總之，要在平面上教立體的東西，是相當困難的。

至少，還希望您在教這類題目的時候，儘可能**使用實物**來進行說明。對女孩子來說，這點特別重要。堆出和題目相同的積木，用實物來解答後面藏了多少塊積木吧。

進一步來說，女孩子只要從小接觸積木或樂高，對圖形的感覺自然會變得敏銳。硬要喜歡玩娃娃或扮家家酒的孩子改玩家長挑選的積木，可能有矯枉過正之嫌；但如果能多準備一些不一樣的玩具，就能自然增加女孩子接觸立體圖形的機會。

正確學習方式
12

不要用玩具和才藝製造出男女生的差異。

7 圖形

(國小一年級～二年級)

以下的圖形中分別有幾個積木呢？

1

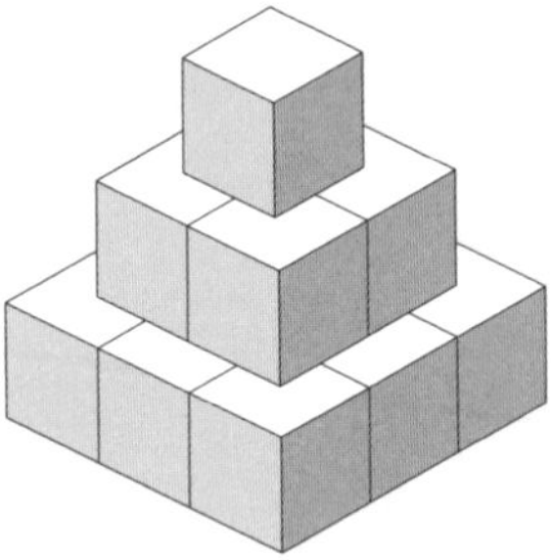

2

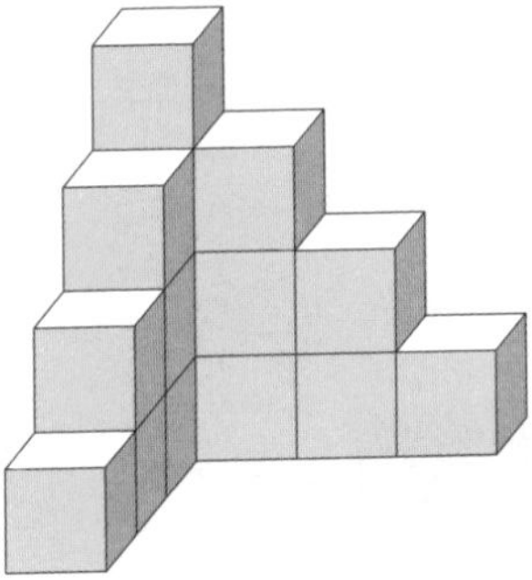

☐ 個　　☐ 個

練習題

☞ 解答與解說位於第 120 頁。

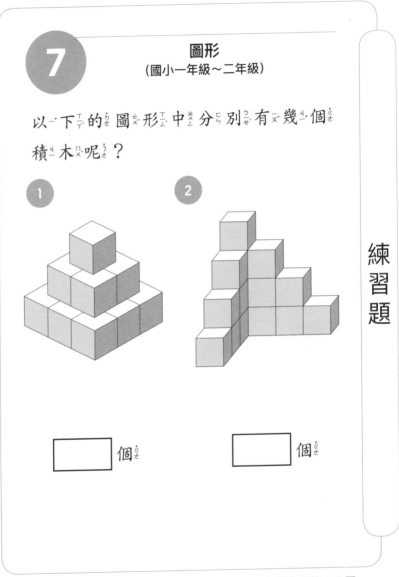

解答與解說

第 119 頁

7 圖形
（國小一年級～二年級）

練習題

以下的圖形中分別有幾個積木呢？

❶

14 個

❷

16 個

講解

除了圖片裡看得到的地方，還有其他積木存在。先實際把積木堆成立體，再仔細觀察結構的話，就能大幅改變孩子的理解程度。

解說

❶
第一層　1 個
第二層　1 邊各有 2 個，所以是 2×2 = 4（個）
第三層　1 邊各有 3 個，所以是 3×3 = 9（個

1 + 4 + 9 = 14（個）

❷
第一層　1 個
第二層　3 個（看不見的部分有 1 個）
第三層　5 個（看不見的部分有 1 個）
第四層　7 個（看不見的部分有 1 個）

1 + 3 + 5 + 7 = 16（個）

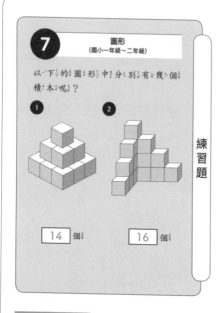

專欄　如何讓女孩子透過遊戲親近數學？

什麼樣的遊戲或書籍，才能提升女孩子對數理的興趣呢？

我個人推薦去參觀天文館。因為星座和星星相當純粹美麗，有許多女孩都會對此有興趣。雖然單純觀星就很有趣，不過像是「冬季大三角」「南十字星」等，都包含了豐富的圖形元素。

此外，像太陽的大小約為地球的１０９倍、地球到太陽的距離約為１億５０００萬公里等「倍數」「大數字」「單位」，其中也充滿了數學元素。

另一方面，因為星座都有相對應的故事，對於喜歡故事的女孩子來說更好接觸，這也是我推薦的理由之一。只要在家裡擺一本星星與星座的書或宇宙圖鑑，想必能引起家中女兒的興趣。

在書籍方面，我則推薦偵探小說等推理小說。很多圈套都需要邏輯思考，以及對立體結構的想像力。可以讓孩子一邊享受解謎樂趣，一邊提升數理能力。

不管是《福爾摩斯》或是《亞森・羅蘋》系列，都有著帥氣的主人翁，相信女孩子在閱讀時都能沉浸其中。

實際上，在針對早稻田、慶應、東大等名校女學生進行的書籍喜好相關調查中，被問到「小時候喜愛閱讀的書籍」，每兩三人中就有一人回答推理小說。

做為遊戲的延伸，也可以訓練女兒幫忙購物。男孩子比較喜歡單純排列數字的遊戲，女孩子則喜歡「購物遊戲」或「銀行遊戲」等，會用到金錢的數字遊戲。不妨利用這個性質，訓練您的孩子幫忙買東西。如果給女兒一百塊，跟她說：

「妳可以買一百塊以內的點心喔！」

這將會是很好的計算練習。不但可以使用「概數」思考，也可以運用到加法計算，能夠學習到各種數學的用法。

為了讓女孩子能夠透過遊戲逐漸提升數學能力，還請多下點工夫吧。

遺憾的事實 13

「很會教數學」的老師造就了討厭數學的孩子

我們認為自己數學不好、討厭數學的感覺，到底是從幾歲開始的呢？

有人些可能會覺得，這取決於天生的傾向或本身的資質，但絕非如此。每個人在一開始接觸數學的時候，都不存在好惡之分。然而，隨著是否能順利解題、大人當下給予的回饋、是否能學得會……等各種要素，我們就漸漸被區分為「喜歡數學・討厭數學」「數學好・數學不好」了。

孩子是喜歡還是討厭數學，大概在**國小三年級**時會有明確的區隔。

不擅長科目的分布

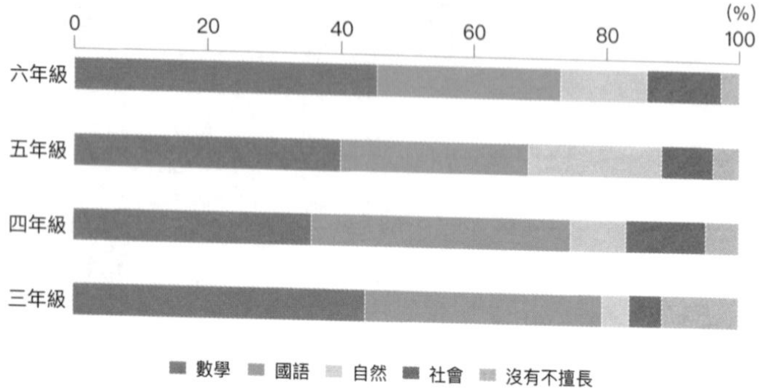

※摘錄自以家有小一～小六生的家長為對象進行的「不擅長科目・想克服的單元」相關調查之結果（2010）

上方的圖表來自二〇一〇年，針對幼稚園生到國小生進行的不擅長科目・單元調查（「中學受驗情報局　聰明補習的方法」Super Web（神戶市中央區京町））。從小三到小六，最不擅長的科目一致都是數學。

只要看圖表就能明白，大約有40%的孩子都將數學視為不擅長的科目。這也代表，與其他科目相比，對數學抱持不擅長意識的孩子更多。

擅長．不擅長教學的科目（教師的回答） (n = 2,688)

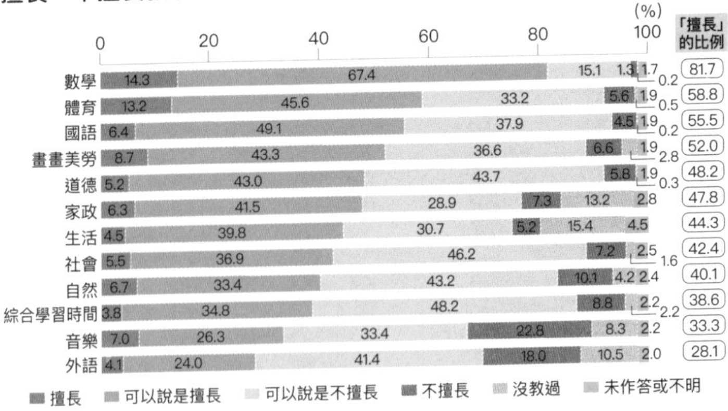

※摘錄自Benesse教育研究開發中心「第五屆學習指導基本調查」

以數學為中心的遺憾分歧

還有一個與上述統計相關，意味深長的調查。

上方的圖表來自二〇一〇年的「第五屆學習指導基本調查（國小．國中版）」中，針對國小教師進行的「擅長教學的科目」一問。

由上表可知，大多數的老師都覺得外語、音樂或自然等「很難教」。

另一方面，在此調查中，則有超過八成的老師覺得自己「擅長教數學」「可以說是擅長」。

從前面介紹的兩個調查結果，我們可以知道：

「大多數的老師都覺得自己『擅長教數學』，但是卻有很多孩子覺得自己『不擅長數學』。」

為什麼會有這樣諷刺的結果呢？在國小的教學現場，正在發生覺得自己「擅長教數學」的老師，大量教出「數學不好」的孩子的情況。

如果老師真的擅長教數學，應該就不會讓孩子抱持「我數學不好」的意識才是。但實際上卻完全不是這麼一回事。

會產生這樣的分歧實際上有很嚴重的理由

這種以數學為中心、老師與孩子之間的分歧，其實比你想像的還嚴重。

例如像是自然或社會，老師自己可以認知到「我不是很擅長教這科」，所以會試圖讓講課內容更容易理解，老師本身也會有所進步。

像這樣算
像這樣算
總之
52
所以是～
?
?
...

又或者是，老師會特別留意這幾科，看看孩子是否真的能理解教學內容。或許是基於這樣的影響，根據統計結果，孩子對自然、社學等科目確實比較不會有「我不擅長」的意識。

另一方面，大多數老師都認為「自己擅長教數學」。光是這樣想，老師心裡就不會產生「跟其他科目比，我要把這科教得更好」的動機。恐怕也就不會特別留意孩子是否有把數學學好了。

到頭來，有很多孩子變得不擅長數學；然後這些孩子之中的大多數，就會因為數學不好，而被遠遠拋在後頭了。

這種老師與孩子之間的分歧所導致的壞影響，還不僅限於數學而已。

讓我們再看一次不擅長科目的圖表中，三年級自然與社會的部分吧。升上國小三年級後，孩子要學習的科目就會從「生活」變成「自然」與「社會」。孩子們會覺得很開心，感覺自己已經變成大哥哥大姊姊了，還可以使用放大鏡、製作昆蟲標本、出去校外教學等等，快快樂樂地學習自然和社會。

會發生問題的地方就在升上五年級之後。特別是自然這科。

升上小五、小六之後，課程就會加入「電磁作用」「鐘擺」「水溶液」「槓桿」「電流」等物理的範疇。

例如「水溶液」單元中要計算水溶液濃度、「槓桿」單元中要計算重物的重量、「電流」單元中要計算電流的強度是幾倍等等，有很多並非背誦，而是要讀取圖表、加以計算的內容。

到了這邊，對數學抱持不擅長意識的孩子，就會一口氣連其他理科都開始討厭。**因為討厭數學，所以連帶討厭理科。**

對於「其實不擅長教數學」的老師，家長可以做的事

如同前述，就算數學不好的孩子變得愈來愈多，老師也不會留意到。原本應該是要

立刻改善數學的教學方式才是，但實際上對於「改善」與「在教學上下的工夫」，我們卻透過統計看到了令人遺憾的現實。這會在下一章節中繼續說明。

如果被「擅長教數學」的老師教過以後，孩子變得「不擅長數學」，該怎麼辦呢？

這也適用於本書到目前為止告訴您的內容。

那就是要掌握在三大重點中是什麼地方卡關，回到卡關的地方好好學習。所以，還希望您能妥善運用本書的內容。

正確學習方式

13

數學不是全都放給學校老師教就好。

遺憾的事實
14

老師在教課時愈下功夫，孩子的成績愈差

讀到上一篇的內容，覺得「老師應該要在教學上更下工夫才行！」的家長們，還請暫停一下。因為這裡還有一個遺憾的事實。

統計顯示，「老師的教學風格愈獨特，愈發揮創意，孩子的成績就愈差」。

在美國有所謂的「直接教學法」（Direct Instruction，簡稱ＤＩ）。此教學法是由齊格飛・恩格曼（Siegfried Engelman）所提倡，是在小班制下對學科能力同等程度的學生，實施一分鐘平均讓他們回答十次的問答式教學。

這種教育法的最大特徵，就是將教學變得標準化。連教師要對學生提出的問題，都已經事先決定好了。

也就是說，教學內容已經像「腳本」一樣被決定好了，教師必須依照腳本來授課。

這樣可說是完全沒有發揮創意的空間。

然而，這種直接教學法的有效性，在針對七萬九千名低收入家庭兒童進行的二十年追蹤調查中獲得了支持。該調查比較了17種不同的教學法，從類似直接教學法的制式教學，到由兒童主導學習的教育模式，再到強調學習熱情和自尊心的教育模式。

結果發現：接受直接教學法的孩子，成績壓倒性地高於透過其他教學法學習的孩子。

更令人驚訝的是，這樣的成績差異不只表現在基本的讀寫能力上，還延伸到了需要思考能力的進階問題，以及需要數學能力的問題。

這也就是說，

- **以良好的標準化教育法為基礎，教師只要按照教學手冊授課，就能讓孩子的成績有壓倒性的提升。**
- **這不僅適用於閱讀·書寫·計算，在「類推能力」與「情感層面（主要是自尊心）」上，依照教學手冊授課的班級，其成績也會變得比較好。**

這就是此調查所顯示的結果。美國在這個大規模調查中花費了高達六億美元，得到的結果可說是出乎意料。

為什麼「老師的幹勁」會讓孩子的成績變差呢？

只要充滿幹勁的老師，在教學時下了許多工夫，孩子的成績就會變差。為什麼會發生這樣的事呢？

不知道大家有聽過「守破離」嗎？這是日本鑽研技藝或武術時經常用到的詞彙。

首先是「守」——也就是守住基本盤。按照老師所教的，忠實將基礎技巧熟悉到自己可以掌握的階段。

接著是「破」——以基礎為底，再加上自己獨特創意的階段。

最後則是「離」——對過去所學放手，逐漸建立起屬於自己的風格的階段。

如果用棒球來舉例，那就是要先好好練習揮棒，按照教練所教的打好揮棒基礎。然後才是漸漸找出自己擅長的打擊法。最後就可能誕生出被稱為「～打擊法」的專屬招式。例如：鈴木一朗的「鐘擺式打擊法」、王貞治的「金雞獨立式打擊法」，正是在打擊中充分體現了「離」的概念。

我們從棒球選手講回學校的老師吧。

因為想發揮創意，而讓學生的成績變差的老師，可能就是因為還沒有達到「守」的階段，就想貿然進入「破」和「離」的階段。在教育現場中，老師不該只憑藉自己的經驗，而是要先遵循更好的教育理論，以讓更多孩子能夠理解的方式進行教學。

為什麼「按照教學手冊」授課能提升孩子的自尊心？

話說回來，為什麼老師按照教學手冊授課，也能夠提升孩子們的自尊心呢？

雖然這裡並沒有明確揭示此原因的統計數據，僅是推測；但我認為在學校中，成績好壞跟自尊心高低是有一定程度相關的。

成績好的孩子會受到周遭的稱讚和認可，也會有更多可以代表大家發言的機會。像這樣日積月累的結果，跟提升自尊心息息相關。

並不是「按照教學手冊授課，孩子的自尊心就提升了」；而是「按照教學手冊授課，孩子的成績變好之後，自尊心也提升了」。可以想成是這樣的關係。

雖然自尊心低落的孩子，的確需要特別的心理照顧；但另一方面，如果要培養更多孩子的自尊心，提供讓孩子能提升成績的課程，是再好不過的方法。

當一個每次都只考30分的孩子，上完課後就能考到１００分，自然能提升他的自尊心。

正確學習方式
14

比較在授課時下工夫，更重要的是「把基礎打好」。那些不賣弄創意的老師，反而能讓孩子的成績更好。

自尊心 UP
我做到了！
100
按照
教學手冊
我懂了！
理解度 UP

遺憾的事實
15

錯誤的「獎勵」會降低孩子的學習動機

孩子的學習動機往往喪失得很快（笑）。

RISU是透過網路陪伴孩子的學習，還會找來東大、早稻田或慶應大學的學生擔任導師，助孩子一臂之力；但大家總是會有「孩子很難一直維持學習動力」的感受。

例如，只要孩子覺得「老師很討厭」，馬上就會不想唸書；如果題目太難，或是太簡單，也都會讓孩子失去幹勁。

如你所見，孩子的學習動機是很脆弱的，有些家長可能很難在家裡激發出孩子的幹勁。

因此，在這一個章節中，就要向您分享激發孩子幹勁的訣竅。

首先，在我經營的數學平板教材RISU之中，會**應用「獎勵」**來維持孩子的學習動機。

方式是在每次解開題目時都能累積分數，可以蒐集積分來兌換獎品。不只積分本身就有獎勵功能，還可以換到自己喜歡的獎品，這讓許多孩子都開開心心地持續累積自己的分數。

你有做對嗎？大多數家庭不知不覺實行的「錯誤獎勵」

雖然只要妥善運用獎勵的方式，就能提升孩子的動機，但給予獎勵的方式需要特別留意。我們來看看家庭中錯誤獎勵的案子，並找出正確的獎勵方式吧。

「寫完這本練習題、把答案都對好以後，我就買漫畫給妳。」

有位媽媽跟國小四年級的女兒這樣約定，於是孩子就開始用功。孩子因為受到激勵，就一口氣把練習題寫完，並一氣呵成地對好答案，把練習題拿給媽媽。

媽媽看到孩子依照約定「寫完練習題」了，也就買了孩子最喜歡的漫畫給她。

但隔了一天之後，媽媽才發現好像有問題。她檢查了練習題之後，發現答對率非常低；而且連答錯的地方，都全部被打了圈。

這是因為這個孩子只專注在「寫完」這件事上，而不是專注在「解開題目，提升理解力」這個原本的目的上。

像這樣的錯誤，大家在家裡可能都發生過。

例如：「寫完功課就可以吃點心了。」

這也一樣是把重點放在「寫完」的說法。如果是餓著肚子想趕快吃點心的孩子，一定就會匆匆把功課「寫完」。

如果使用獎勵的方式不對，就有可能導致孩子開始耍小聰明或草率行事。

讓孩子的幹勁提升10倍的獎勵應用法

那麼，要怎樣應用獎勵，才能充分提升孩子的幹勁呢？

真正有效的獎勵，**是對於孩子實力的獎勵。**從家長出發的例子可以是：

「全部都答對的話，就可以吃點心囉。」

「全部都答對的話，就買漫畫給妳。」

不是只有「寫完」，而是要不斷把答錯的問題訂正過來，直到答對為止。這樣孩子才會更細心地做題目。

不過，如果是練習寫字等沒有明確對錯的東西，一開始由父母來示範也可以。

孩子就會覺得「我也要把字寫得這麼漂亮！」

像這樣正確使用獎勵，就能一口氣提升孩子的幹勁。像是某個家庭就訂了一條規則，告訴孩子「如果用RISU學習30分鐘，就可以玩30分鐘的遊戲」。據說，想玩遊戲的兒子就會經常詢問「媽媽！我可以用RISU嗎？」（在RISU中會一遍又一遍地重複問題，直到正確解答為止；所以即使只用時間做劃分，也不容易造成理解上的混淆。）

獎勵的力量還真大啊（笑）。

不使用獎勵的情況下提升孩子幹勁的方法

雖說如此，或許也有家長會覺得：

「老是給孩子獎勵好像不太好。」

如果您也這樣想，不妨用**「習慣法」**來嘗試取代獎勵吧。

在電視、遊戲、漫畫及玩具等堆積如山的誘惑之中，如果對孩子說：

「現在去唸書！」

要他們馬上抽身，對孩子來說是相當困難的。所以，還請**先讓孩子習慣每天保留一些唸書時間**。例如：

「在媽媽準備早餐的時候唸一下書吧。」

「看電視前先唸20分鐘的書吧。」等等，

在吃飯、看電視這些令人期待的時間之前，讓孩子建立唸書的習慣。

所謂的習慣法，就像「吃飯完要刷牙」一樣，設立**「這時候該做這件事」**的條件。

因為不需要每次每次轉換心情，只要習慣了之後，孩子就能順利克服誘惑了。

正確學習方式

15

「全部都答對的時候」再給孩子獎勵。

在這裡卡關就慘了！

2

「為什麼解不出來?!」

讓爸媽頭痛的 5 個問題

關卡1 理解2～3位數的位值（國小一年級～國小二年級）

在低年級就卡關的孩子壓倒性地多，這可說是一整學年中最危險的單元之一。

危險度 💀💀💀💀

重點

- 如果太小看對位值的理解，就會加深整體數學的理解困難度。
- 在低年級時，就算沒搞懂位值，也能靠記下題目模式用計算過關，因此有可能會沒注意到孩子其實沒搞懂。
- 到了三、四年級，隨著數字變大、出現小數之後，孩子會變得沒辦法處理，這時往往為時已晚。

練習題

1 位值
(國小一年級～國小二年級)

在 □ 中填入正確的數字吧。

① 3 個 10 加上 3 個 1 等於
□ 。

② 134 的百位是 □ ，十位是
□ ，個位是 □ 。

③ 下面的箭頭指著的地方
是多少呢？

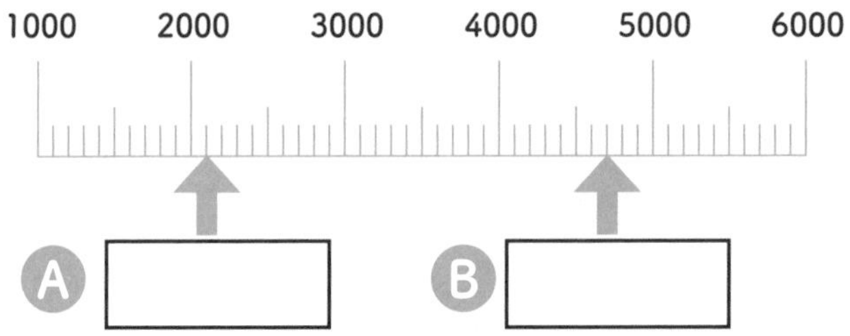

最小的刻度代表 100。

解答和解說位於第 38 頁。

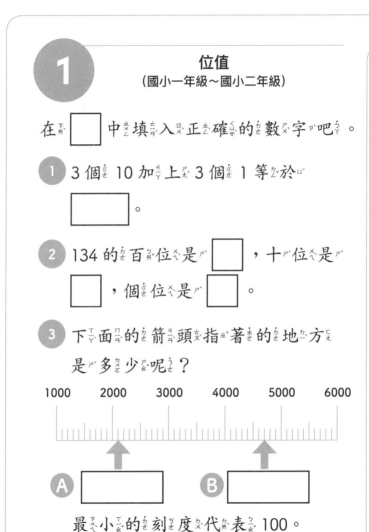

為什麼孩子會「搞不懂位值」呢？

「位值」幾乎是所有孩子都會卡關的地方。對，就是個位、十位、百位的那個「位值」。

要掌握「位值」的概念原本就很難，許多孩子都會疑惑：

「位值是什麼東西？」

因為這可能是他們從來沒有聽過的詞彙。遇到這樣在國語課本中沒出現過，卻突然登場的詞彙，會感到困惑也是理所當然。

順便一問，現在正在閱讀本書的各位讀者，您能夠正確說明「位值」的概念嗎？還請您稍微思考一下。

您一定也覺得很難吧？

「位值」這個詞是用來表示「在某個序列中的位置」；說得更簡單一點，就是「地方」。**用來表示數字要放在哪個「地方」的，就是「位值」。**

像這樣涉及原本就很抽象的「數學概念」的學習內容，是沒辦法具體想像出來的。例如，5個蘋果加上6個蘋果，就會有11個蘋果，確實增加了1位；但就眼睛看得到的東西，並不會有任何變化。因此，許多孩子都會對「位值」的概念感到困難。

「位值」是用來理解數字概念最重要的基礎

前面已經提過好幾次，「位值」是用來處理數字的基本概念。特別是中・高年級牽扯到大數字的計算時，是否能理解位值的概念，將會造成明顯的差異。

例如320這個數字，孩子可能就會無法充分理解這是「3個100、2個10、0個1」。各個數字加總起來，才會構成320這個數字，這是對「數字本身」的必要理解。又例如，在

320＋35＝？

這個題目中，如果孩子不是回答355，而是回答成670等答案，就代表這個孩子沒有從根本上理解數學的概念。第147頁的例題，對家長而言可能會覺得很簡單；但在這裡打好基礎，對之後的學習來說是很重要的。

不過遺憾的是，學校總是咻咻地就把位值教完了。這是因為進到十位數左右，很多孩子大致上都能解出來，老師也就覺得「就算現在還沒有很懂，之後應該就能慢慢理解了」。

此外，因為這是一種概念，所以不管用什麼詞彙來解釋，孩子都很難理解，這也是事實（如果光是用詞彙來解釋，我想連大人都很難理解吧）。

因此，**在孩子能真正理解位值的概念前，請先讓他解決低年級的練習題。**如果能好好掌握位值的概念，就能大大降低孩子對數學的反感。

76+48=?
1, 2, 3, ...
100
10
1

四捨五入是壓垮孩子的最後一根稻草

如果不瞭解位值的概念，也就無法進行數字的比較。

因為**如果要比較數字，就必須要一併思考位值**。有許多孩子因為搞不清楚位數，而解不開下面這道題目。

【問題】請從下面的兩個數字中，選出較大的數。

768.9　　770

【答：770】

家長當然能一眼看出770比較大，但如果是搞不懂位值概念的孩子，就會覺得768.9才是比較大的那個。

壓垮孩子的最後一根稻草，就是在四年級會學到的**「四捨五入」**。

【問題】請將以下數字用四捨五入取到百位。

① 2348

② 8692

【答：① 2300　② 8700】

「四捨五入到百位吧。」

「取概數（大約的數）到百位吧。」

如果這樣說，孩子可能就會滿頭問號。因為孩子不懂位值的概念，當然也就聽不懂。

如果不會四捨五入，就無法理解六年級會教到的「平均數」。因為所謂的平均數，也是一種排列比較位值的概念。

除法、小數……搞不懂位值的影響甚鉅

隨著學習的階段推進，搞不懂位值的影響還會變得更大。

例如在**四年級會學到的二位數直式除法，如果沒意識到位值，作答時就會發生寫錯位數的情況。**

【問題】下列的直式中，正確的是A還是B呢？（國小四年級）

A

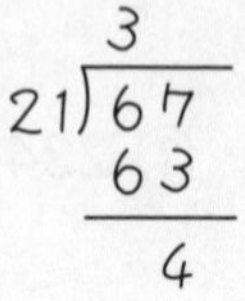

B

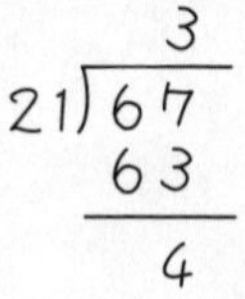

【答：B】

在這個問題中，有非常多孩子會因為搞不清楚而答成A。

此外，**在三年級會學到的小數，如果沒有把位值的概念放在心上，則不管是加法還是減法，都會解不出來。**因為只要在寫直式的時候放錯小數點的位置，就馬上出局了。

但在低年級直式計算的階段，有些老師並不是教孩子理解位值的概念，而是會告訴孩子「寫直式時要向右對齊」。這樣的話，孩子就會在有小數點的時候忽略它，只顧著「要向右對齊」。

這樣孩子就無法正確進行小數的直式計算。即使提示他們「要以小數點為基準，對齊位數」，因為孩子一開始就沒有搞懂位值的概念，所以不管怎麼講，他們都會一頭霧水。

例如，三年級登場的「6＋1．7」這類整數與小數的直數計算，會讓許多孩子感到混亂。必須將6想成是6．0，在腦海中將小數點補上，對齊正確的位數才行。

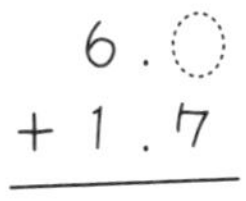

然而，對一直記住直式計算時「要向右對齊」的孩子來說，這就是**「打亂規則」**。

這肯定會讓他們心裡抱持違和感。然後，假設他們看到下面這個問題，又會瞬間判斷A才是對的。

【問題】下列的直式中，正確的是A還是B呢？（國小三年級）

A

```
   36
+ 2.5
-----
```

B

```
  36
+ 2.5
-----
```

【答：B】

學校的老師會在指導低年級學生時，會叫學生「寫直式時要向右對齊」

或許只是為了讓學生先學會寫直式再說。但如果數字愈來愈大、位數愈來愈多，綜合各種元素的問題也跟著增加的話，突然改口叫學生「對齊位數來寫」，孩子想必也很難理解。

再進一步來看，大多數的老師和家長，因為根本不知道「孩子為什麼解不出這個問題」，所以當然也就不會想到要「回到二年級的位值重新複習」。

如果孩子在小數的時候卡關，或是無法進行除法計算，大多數的情況都是因為沒有搞懂「位值」的概念。這時候該複習的，就是二年級時學到的「位值」單元（根據教科書不同，也有單元被寫作「大數字」。）還請下定決心回到之前的單元，讓孩子重新掌握位值的概念吧。

克服位值卡關的3大訣竅

1 使用錢幣

如果孩子無法充分理解「位值」的概念，推薦您使用錢幣來幫助學習。

錢幣是隨手可得的東西，也可以實際拿在手上，能讓孩子更容易理解。只要把抽象的「概念」置換成「實物」，就能大幅提升孩子的理解程度。

因此，萬一孩子在位值卡關，就可以對他說這句話：

3	**2**
十位	**個位**

「我們用錢幣來想想看吧！」

有時候光是這樣，孩子就能理解：

「原來位值跟錢是一樣的東西！」

就算無法一下子恍然大悟，只要逐一說明

「一元是個位、十元是十位、一百元是百位……」

孩子大致上都能理解位值的概念。

您可以使用錢幣，如上圖所示進行說明。

在圖中用3個10元、2個1元並排，來表示32這個數字。

在孩子開始理解後，家長可以將數字寫在紙上，讓孩子排上符合該數字份量的錢幣，用小測驗的形式從遊戲中學習，孩子就能理解位數的概念。

接著32之後，再舉出320、3200等數字沒變、只有位數改變的例子，這能進一步加深理解。

2 使用串珠

雖然有點費事，但如果是喜歡串珠等小東西的孩子，就能試著讓他們製作「摸得到的位值」。

例如，在蒙特梭利教育（蒙特梭利是一種系統化的教育法，以「孩子擁有自己培養自己的能力」為前提，對孩子進行科學化的觀察。也有很多獨特的教材與教具）之中，便是使用串珠組來教孩子數學。

個位數是單顆串珠，十位數是10顆一組的串珠。只要集合10條十位數串珠，就可以在串珠板上表示出百位數。10片串珠板重疊就變成千位。可以實際用眼睛理解「1000就是由1000個1集合而成」。

用這種方式，就能巧妙將「位值的概念」融入具體物品中。**只要用手能摸得到，許多孩子就能馬上理解。**

3 下定決心回到二年級的位值單元

您或許有在孩子已經升上五、六年級時，讓他回去學習二年級內容的勇氣。

但如果孩子覺得：

「位值不是很簡單嗎？」

家長就要幫他下定決心。重新學習以前的內容看似是繞了遠路，但其實是最快的捷徑。

孩子們都會抗拒重學在比較低年級時學過的東西。

不要對孩子說

「你到現在連二年級的單元都還沒弄懂！」而是要說

「我們來試試先前的題目吧。」

以輕鬆的方式返回之前的單元。

重點在於，周遭的大人要正確理解「孩子到底是在哪裡卡關」。

然後才是找出「為什麼會答錯」，並讓孩子回到用來打基礎的單元重新學習。

8 位值
（國小一年級）

練習題

回答關於個位、十位的問題吧。

1

	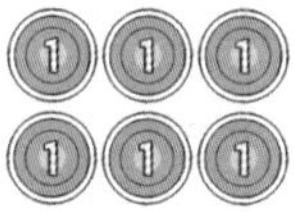
十位	個位

2 46 的十位是 □ 、
個位是 □ 。

3 50 的十位是 □ 。

4 41 的十位是 □ 、
個位是 □ 。

5 38 的個位是 □ 。

解答與解說位於第 169 頁。

9 位值
（國小一年級）

練習題

試著在□中填入正確的數字吧。

1. 6個10和6個1是□。
2. 57是□個10和□個1。
3. 7個10是□。

解答與解說位於第 170 頁。

10 位值
（國小一年級）

回答ㄅ～ㄉ分別是哪個數字吧。

1

ㄅ ☐　ㄆ ☐　ㄇ ☐

2

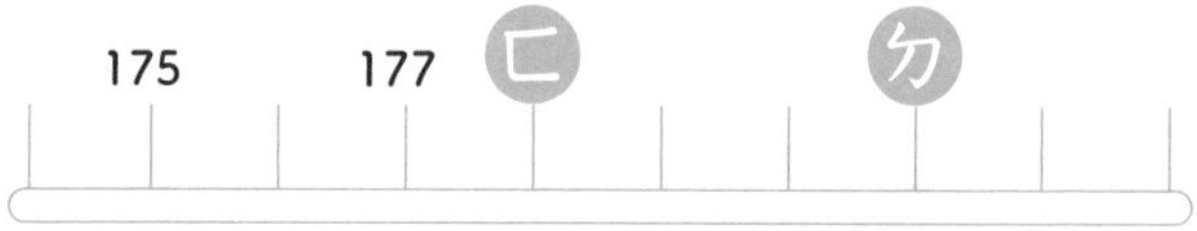

ㄈ ☐　ㄉ ☐

解答與解說位於第 171 頁。

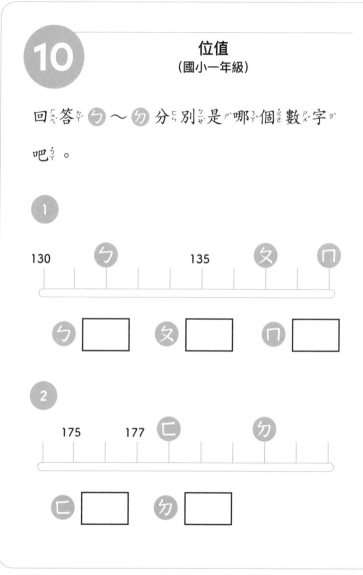

11 位值
(國小二年級)

練習題

1. 280是由幾個10集合而成的呢？

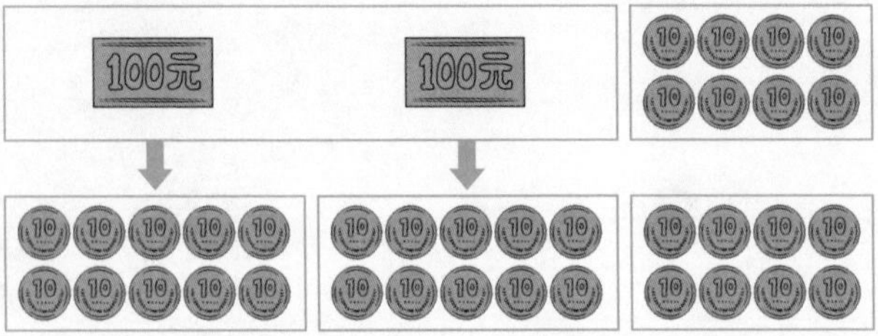

280 {200 → □ 個10；80 → □ 個10} □ 個10

2. 440是由幾個10集合而成的呢？　答：□個

☞ 解答與解說位於第172頁。

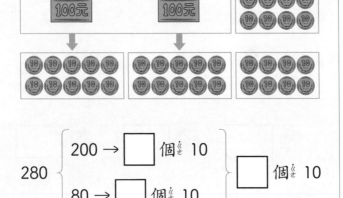

12 位值
(國小二年級)

下方的箭頭各指向哪個數字呢？

1

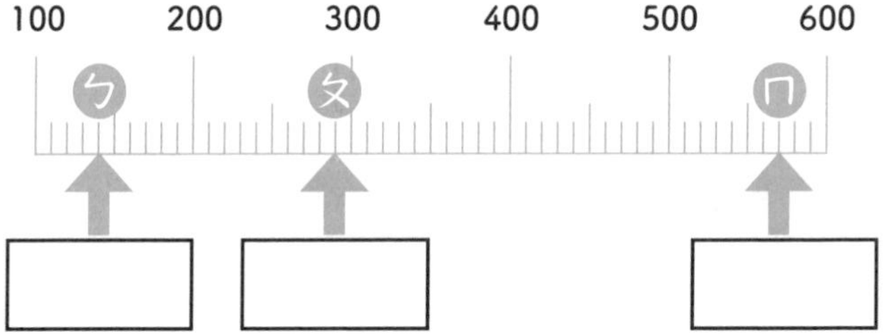

最小的刻度代表10。

2

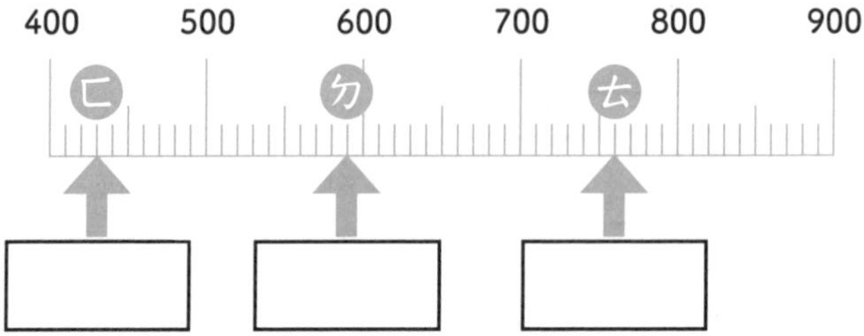

最小的刻度代表10。

解答與解說位於第173頁。

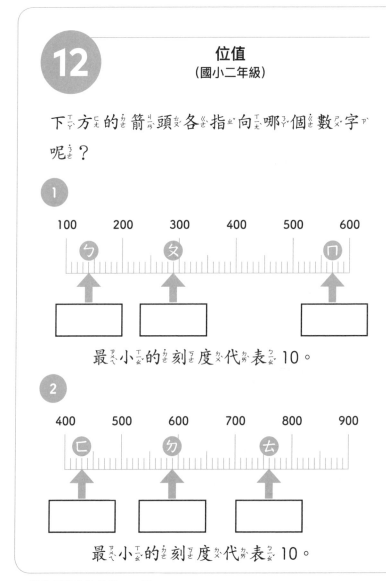

13 位值
(國小二年級)

練習題

1. 7 個 100、1 個 10、0 個 1 組成的數字是 ＿＿＿＿。

2. 4 個 100、0 個 10、5 個 1 組成的數是 ＿＿＿＿。

3. 比 1000 小 1 的數是 ＿＿＿＿。

4. 730 是
- ＿＿＿＿ 和 30 組成的數。
- 比 ＿＿＿＿ 小 70 的數。
- 由 ＿＿＿＿ 個 10 組成的數。

☜ 解答與解說位於第 174 頁。

8 位值
(國小一年級)

回答關於個位、十位的問題吧。

1
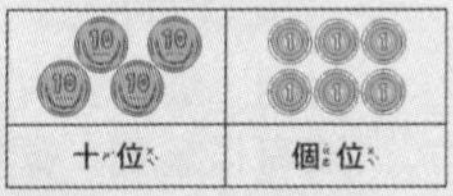

2 46 的十位是 4 、個位是 6 。

3 50 的十位是 5 。

4 41 的十位是 4 、個位是 1 。

5 38 的個位是 8 。

練習題

第 163 頁

講解

孩子會答成「十位跟個位 40」，或是把十位跟個位弄反。請在白紙上畫出位值表，把十元和一元硬幣放進格子裡思考看看吧。

解答與解說

解說

只要把位值的概念置換成錢幣，就會變得很好懂。

例如將「46 元」想成是 10 元與 1 元的組合。

→ 4 個 10 元：十位是「4」。
→ 6 個 1 元：個位是「6」。

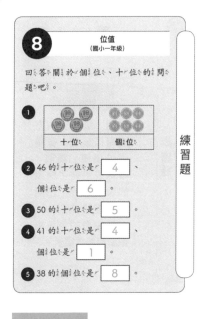

9 位值
（國小一年級）

試著在□中填入正確的數字吧。

1. 6 個 10 和 6 個 1 是 66 。
2. 57 是 5 個 10 和 7 個 1。
3. 7 個 10 是 70 。

練習題

第 164 頁

講解

說明「位值」的方法有很多種，像是用位值表、錢幣、串珠或是裝了糖果的袋子等等。使用讓人能維持耐心、充滿樂趣的系統來輔助解題很重要。

解答與解說

解說

解法 1 和前面的問題相同！用錢幣來思考吧。

1. 

→ 66 元

2. 

→ 5 個 10 元和 7 個 1 元

3. 

→ 70 元

解法 2 用位值表來思考吧！

1. 有 6 個 10 所以十位是 6；有 6 個 1 所以個位是 6。

十位	個位
6	6

→ 66

2. 把 57 填入位值表中

十位	個位
5	7

→十位是 5，代表有 5 個 10；個位是 7，代表有 7 個 1。

3. 有 7 個 10 所以十位是 7，沒有 1 所以個位是 0。

十位	個位
7	0

→ 70

10 位值
（國小一年級）

回答ㄅ～ㄉ分別是哪個數字吧。

1

ㄅ 132　ㄆ 137　ㄇ 139

2

ㄈ 178　ㄉ 181

第 165 頁

講解

請留意「1 個刻度的大小」和「進位」的情況。雖然一格一格往上數也能找出答案，但要處理的數字變大的時候，這種方式就行不通了。

解說

首先，看清楚「1 個刻度是代表多少」很重要。

1 上方的數列

從 130 到 135 前進了 5 個刻度，增加了 5 ➡ 1 個刻度是「1」

ㄅ比 130 多 2，所以是 132；ㄆ比 135 多 2，所以是 137；ㄇ比 135 多 4，所以是 139。

2 下方的數列

從 175 到 177 前進了 2 個刻度，增加了 2 ⬅ 1 個刻度是「1」

ㄈ比 177 多 1，所以是 178；ㄉ比 177 多 4，所以是 181。

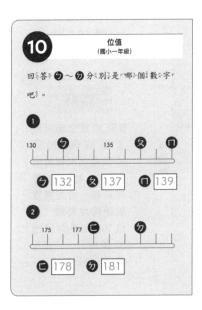

解答與解說

11 位值（國小二年級）

① 280 是由幾個 10 集合而成的呢？

280 { 200 → 20 個 10 / 80 → 8 個 10 } 28 個 10

② 440 是由幾個 10 集合而成的呢？ 答：44 個

練習題

講解

5 個 10 集合起來就會變成 50，10 個 10 集合起來就會變成 100，看起來好像有點難。但如果實際使用兌幣機，放進 100 元就會掉出 10 個 10 元，這樣看起來就很好理解了。

解說

① 如果將超過 100 的大數字，替換成錢幣來思考……

100元 100元
10 10 10 10 10 10 10 10

→有 2 個 100 和 8 個 100

100元
10 10 10 10 10 10 10 10 10 10

→100 有 10 個 10，200 就有 20 個 10，所以 280 就是 20 個 + 8 個 10 = 28 個

② 440 是

100元 100元 100元 100元
10 10 10 10

→ 4 個 100 和 4 個 10

100 有 10 個 10 → 400 有 40 個 10
440 就是 40 個 + 4 個 10 = 44 個

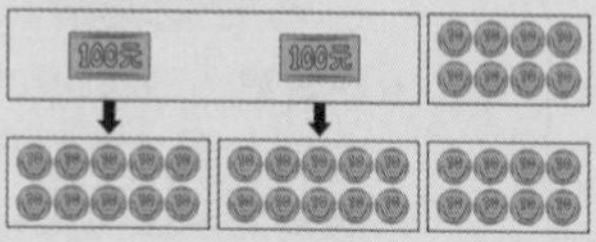

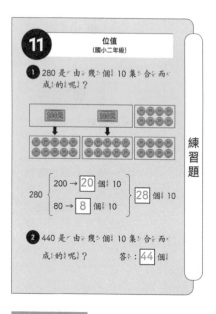

12 位值
（國小二年級）

下方的箭頭各指向哪個數字呢？

❶

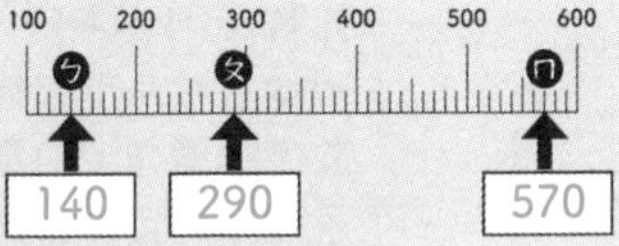

最小的刻度代表 10。

❷

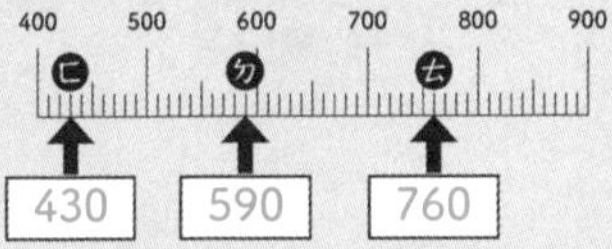

最小的刻度代表 10。

第 167 頁

講解

「刻度的數目」和「實際增加的數字」如果有差異，難度就會大幅提升。這是能否正確理解「數字加總」、正確解答題目的分歧點。

解說

兩個題目中往右邊前進 1 個刻度都是增加 10，往左邊倒退 1 個刻度都是減少 10。

❶ 上方的數列：

ㄅ是從 100 前進 4 個刻度，所以是 100 + 40 = 140

ㄆ是從 200 前進 9 個刻度，或是從 300 倒退 1 個刻度，所以是 200 + 90 = 290，或是 300 − 10 = 290

ㄇ是從 500 前進 7 個刻度，或是從 600 倒退 3 個刻度，所以是 500 + 70 = 570，或是 600 − 30 = 570

❷ 下方的數列：

ㄇ是從 400 前進 3 個刻度，所以是 400 + 30 = 430

ㄈ是從 500 前進 9 個刻度，或是從 600 倒退 1 個刻度，所以是 500 + 90 = 590，或是 600 − 10 = 590

ㄉ是從 700 前進 6 個刻度，或是從 800 倒退 4 個刻度，所以是 700 + 60 = 760，或是 800 − 40 = 760

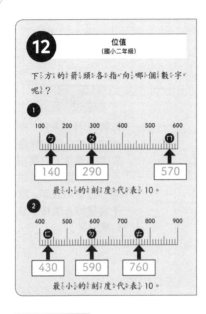

13 **位值**
(國小二年級)

練習題

1. 7 個 100、1 個 10、0 個 1 組成的數字是 710 。

2. 4 個 100、0 個 10、5 個 1 組成的數是 405 。

3. 比 1000 小 1 的數是 999 。

4. 730 是

- 700 和 30 組成的數。
- 比 800 小 70 的數。
- 由 73 個 10 組成的數。

第 168 頁

講解

如第 3、4 題所示，挑戰從各種角度來掌握數字的概念，如果孩子能像題目中所敘述的一般應用數字，就不容易陷入僵化學習的窠臼。

解說

3 用一定模式來思考！

比 10 小 1 → 9

比 100 小 1 → 99

只要少 1 位，就會全部變成 9

比 1000 小 1

→ 3 個位數都是 9

→ 999

4 用錢幣來思考

730 是由 □ 和 30 集合而成

→ 700 元和 30 元集合而成的數　答：700

比 □ 少 70 的數

→加上 70 元就變成 800 元　答：800

由 □ 個 10 集合而成的數

→ 100 元＝ 10 個 10 元　→ 7 張 100 元＝ 70 個 10 元

→ 70 個＋另外 3 個＝ 73 個　答：73

一個個把
問題破關吧！

關卡2 圖形組裝・立體的基礎（國小二年級）

這是高年級立體的基礎，萬一沒學好就會慘兮兮！

危險度 

重點

- 到平面為止孩子都還容易想像，進入立體之後就突然變得抽象起來。
- 如果搞不清楚低年級會遇到的正方體和長方體，遇到三角錐、圓柱體等圖形時進度就會大卡關。
- 光靠死記硬背沒辦法解決問題，如果在這裡就拿數學沒轍，到了高年級時就會完全崩潰。

練習題

2 圖形
(國小二年級)

下方的圖形是某個盒子的展開圖。

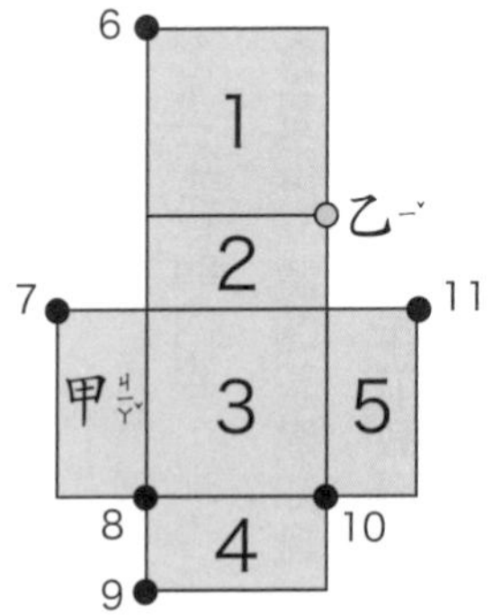

1 把盒子組裝起來的時候，哪一面會在甲的對面呢？ 答：

2 把盒子組裝起來的時候，哪一點會跟乙點重疊呢？ 答：

解答和解說位於第 41 頁。

最大的問題就是「東一點、西一點的課程」

關於圖形，我認為最大的問題就是**「東一點、西一點的課程」**。

一開始學到立體是在二年級的時候。在〈形狀與形體〉的單元中，會學習立體的基礎。但接著卻要等到四年級，才會再教到立體！學習〈正方體與立方體〉的單元時，離一開始學習立體已經過了兩年的時光。※

雖然如果在此時好好複習二年級的內容，那也無妨；但通常不會是這樣的情況。大多數情況下，大家都會覺得立體的基礎知識「已經學好了」，就這樣跳過略過；但另一方面，**有許多孩子早就已經把兩年前教過的內容忘得一乾二淨**。這也難怪孩子會搞不懂了。

即使是大人，如果被問到兩年前的工作內容，也很少人能夠細細回答，更何況是孩子呢？

而且，對大人來說只是兩年，十歲孩子的兩年卻占了他人生的五分之一（等同於五十歲的人的十年！）孩子沒有出生後那幾年的記憶，卻要他在經過了兩年的「漫長時光」後，突然以「已經具備立體的基礎知識」為前提來學習，這豈不是很無理的要求嗎？

就像這樣，現在的教育課程中，存在著「單元與單元間缺乏連結」的重大問題。學習的流程被切割得支離破碎，孩子無法理解接下來學到的內容到底是與哪個單元緊密連結。

如果您瀏覽過第180頁所刊載的教育課程的圖形學習流程表，就會馬上發現單元的分布是東一點、西一點，沒辦法連續學習圖形。

下一頁下方的圖是RISU的學習想像圖。

不是根據年級進行劃分，而是重視單元之間的連結，並以此建立起學習系統。

※日本國小數學課程架構與臺灣略有差異，詳情請參照第180頁對照表。

四年級

億・兆
除法
小數與分數
概數
角度
四邊形
對稱、相似與全等
正方體與長方體

五年級

小數的乘法與除法
乘數與被乘數
質數與質因數分解
約分與通分
分數的加減乘除
體積
平均
百分比

六年級

分數的乘法與除法
四則運算
速度
未知數計算
正比與反比
圖表
圓周與圓面積
角柱、圓柱與錐體的體積
線對稱與點對稱
放大與縮小

億・兆　概數	**乘數和被乘數　平均數** **質數和質因數分解**	
	小數的乘法與除法 **約分與通分** **分數的加減乘除**	**四則運算** **未知數計算**
角度與四邊形 **對稱、相似與全等** **正方體與長方體**	**體積**	**正比與反比　放大與縮小** **圓周與圓面積** **角柱、圓柱與錐體的體積** **線對稱與點對稱**
		速度
	百分比	

學校

各單元分布在不同年級，難以與先前的學習連結。

一年級	二年級	三年級
數字	大數字	加法
基本加法	乘法	減法
基本減法	加法	乘法
	減法	除法
	圖形	時間
	形狀與形體	圓與三角形
	單位	小數與分數
		單位
		圖表

★此處為日本國小數學課程架構，臺灣課程綱要敬請參考國教署公告之版本。

RISU

不是以年級劃分，而是將單元與單元之間連結。

- 數字　大數字
- 基本加法　乘法　除法
- 基本減法　小數與分數
- 形狀與形體　圓與三角形　圖表
- 單位
- 時間

如果透過這樣的結構來學習，孩子就能掌握一次次更上一層樓的要領，順利過關斬將，解開高於自己年級的內容。**有些還是一年級的孩子，甚至能迅速解開三年級的圖形相關問題。**

在數學的學習中，單元的連續性還是相當重要。如果是覺得自己不擅長圖形的孩子，還請把所有年級的圖形部分都挑出來，以連結各單元的方式學習。

還請做好事前複習

在進入新的單元之前，必須先複習前面構成新單元基礎的單元。

此外，在低年級的課程中，圖形的題目本來就比較少，有很多孩子在沒有充分理解的情況下就升上了高年級。正是基於此背景，才產生了大量「不擅長圖形」的孩子。

難以理解立體圖形的孩子，對平面的理解也不太好，這樣的案例其實很多。如果在立體圖形卡官的話，就應該要回到基礎的四邊形、三角形等平面圖行進行複習。如果基礎沒有打好，不管做再多立體圖形的題目都沒意義。

不要把立體當成平面圖形教

關於圖形的部分，儘可能讓它**「變得具體」**是很重要的。

例如，在教科書和考試題目中，都是以二維的平面圖形來表示立體。

舉例而言，在第184頁的圖中畫著正方體，但這是把三維圖形投射到二維平面上畫出的圖形。事實上，這會妨礙孩子的理解。

我們這些大人已經習慣「用三維的角度去看二維的圖形」。

還孩子並不是這樣。事實上，**有許多孩子覺得二維圖形看起來就是二維圖形，不管怎樣都沒辦法「看成立體的」**。如此一來，要他們理解立體的課程內容就變得更加困難了。大人必須要先認知到「有孩子看不出來這是立體圖」才行。

無法將平面圖視為立體圖形的孩子，會對下列的問題感到困惑。

【問題】圖中的正方體，總共有幾個頂點呢？

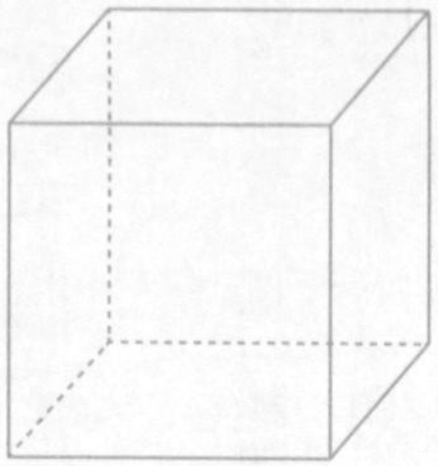

【答：8個】

即使是像這樣的立體透視圖，孩子也無法將其視為立體，更別說是要算出8個頂點了。

克服圖形卡關的3大訣竅

1 嘗試透過實物來接觸圖形吧

如同前述，如果孩子沒辦法把畫在紙上的立體圖形視為立體，該怎麼辦才好呢？

最佳捷徑就是讓孩子實際接觸到實物。不管是面紙盒還是零食的盒子都可以，使用實際的盒子來思考看看吧。

例如剛才那個找出有幾個頂點的問題，可以用筆在盒子的8個角上做記號。只要一邊用手指數出「1、2……8」，就能在心裡留下印象。

此外，也可以用影片來幫助理解。RISU的課程中也導入了有助於立體理解的影片。您可以瀏覽以下的網址來觀看影片，歡迎當作參考。

★參考影片（日文）★

http://movie.risu-japan.com/s25ri.html（「正方體」與「長方體」）

http://movie.risu-japan.com/s25ch.html（認識長方體的「面」吧！）

2 把不要的盒子拆開看看

展開圖也是讓孩子頭痛的單元之一。

這果然也要實際動手接觸最好。把盒子切開，製作出展開圖吧。只要重複製作數次，就能讓孩子理解立體其實是由平面組合起來的，以及長方體的展開圖到底會是什麼樣子。

另外，雖然有點費工，但您不妨使用較硬的方格紙，**試著和孩子一起製作正方體的展開圖**。這將能讓孩子對什麼是立體、什麼是展開圖有更深的理解。

第188頁刊登了11種展開圖做為範例，相同顏色的面就是相對的面。還請試著製作看看吧。

3 連貫地學習圖形

如果想在學習圖形時緊密銜接上先前學過的內容，**連貫的學習**就相當重要。如果學習間距縮短了，孩子就不用再為了回想之前學過的知識花時間。

請妥善運用第180頁的圖表，讓孩子能夠連貫地學習吧。只要孩子能好好理解學習內容，即使超前年級進度也不成問題。

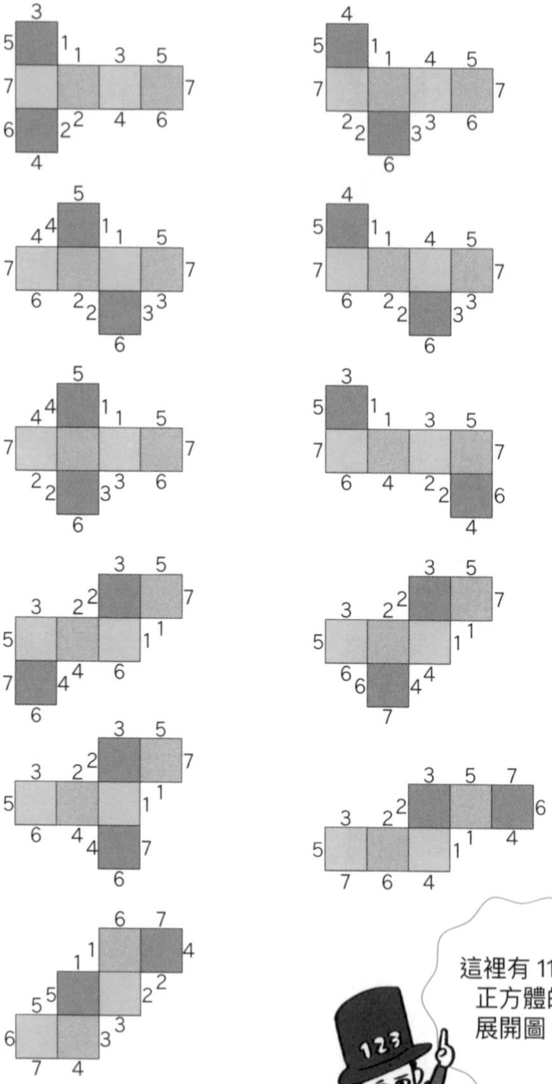

這裡有 11 種
正方體的
展開圖！
123

練習題

14 圖形
(國小二年級)

回答下面跟這個圖形有關的問題吧。

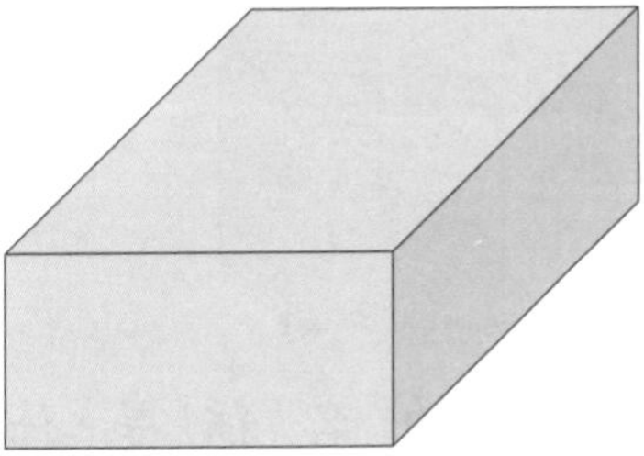

1. 這個圖形的名稱是什麼呢？

☐ 正方體　　☐ 長方體

2. 它每幾個面會相同呢？

答：☐ 個。

解答與解說位於第 194 頁。

15 圖形

(國小二年級)

回答下面跟這個圖形有關的問題吧。

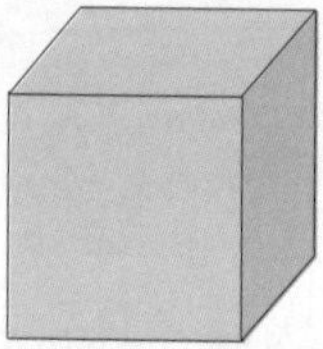

1 這個圖形的名稱是什麼呢？

□ 長方體　□ 立方體

2 它總共有幾個相同的面呢？

答：□個。

3 它的面是哪種四邊形呢？

□ 正方形　□ 長方形

練習題

解答與解說位於第 195 頁。

16 圖形
（國小二年級）

這裡有一個盒子。

1 把這個盒子攤開後，有可能是哪種形狀呢？選出正確的選項吧。

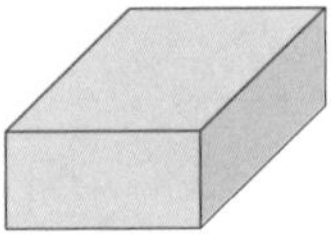

□ ㄅ

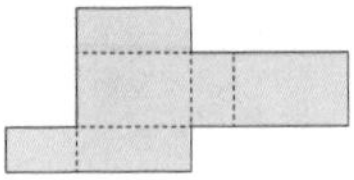

□ ㄆ

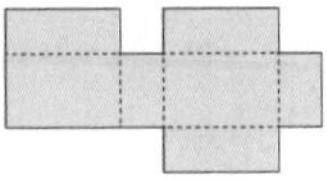

□ ㄇ

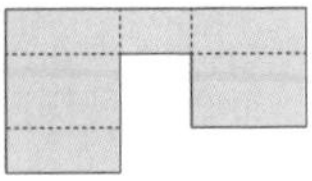

2 這個盒子中用到了哪種四邊形呢？

□ 正方形　　□ 長方形

☞ 解答與解說位於第 196 頁。

17 圖形
（國小二年級）

練習題

回答下面跟這個圖形有關的問題吧。

1 把這個盒子攤開後，有可能是哪種形狀呢？

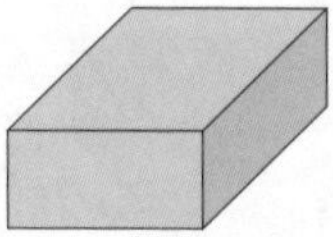

□ ㄅ

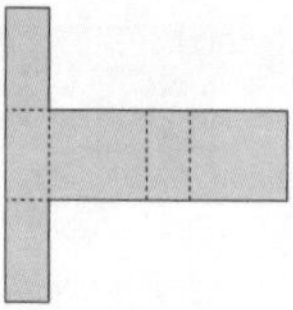

□ ㄆ

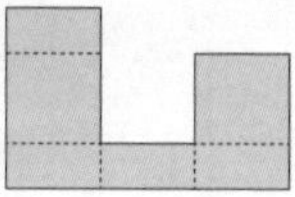

□ ㄇ

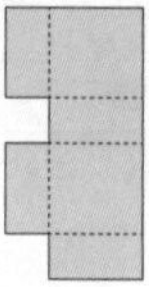

2 一共有幾個頂點呢？

答：□個

解答與解說位於第 197 頁。

18 圖形
(國小二年級)

下方的圖形是某個盒子的展開圖。

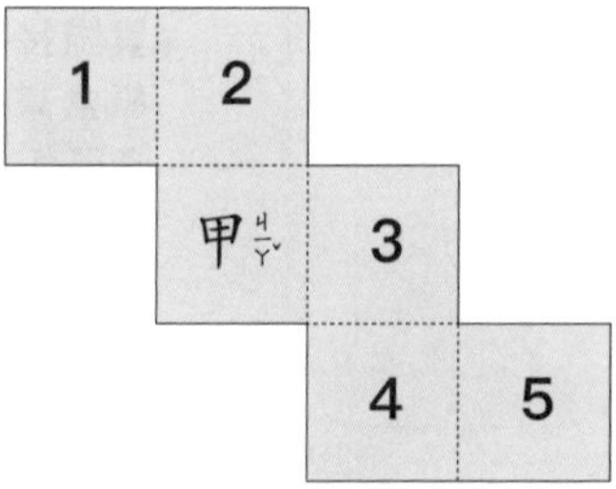

1. 把盒子組裝起來後，會變成什麼形狀呢？

□ 長方體　　□ 立方體

2. 把盒子組裝起來後，哪一面會和甲面相對呢？

答：□

解答與解說位於第 198 頁。

14 圖形
（國小二年級）

回答下面跟這個圖形有關的問題吧。

❶ 這個圖形的名稱是什麼呢？

[V] 正方體　[ ] 長方體

❷ 它每幾個面會相同呢？

答：[2] 個。

練習題

第 189 頁

解答與解說

講解

務必讓孩子完整記住立方體和長方體各自是什麼樣的圖形。也可以讓孩子實際接觸骰子和面紙盒來進行確認，會很有效果。

解說

1 正方體＝骰子的形狀
所有的面都是正方形

長方體＝面

- 全都是長方形

或是

- 長方形與正方形的組合

圖中的面是長方形，所以是長方體。

2 長方體中相對的面形狀相同
→每 2 個面形狀會相同

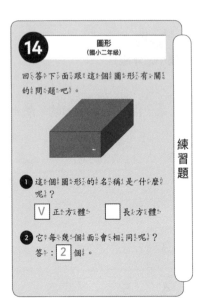

15 圖形
（國小二年級）

回答下面跟這個圖形有關的問題吧。

❶ 這個圖形的名稱是什麼呢？

☐ 長方體　☑ 立方體

❷ 它總共有幾個相同的面呢？

答：6 個。

❸ 它的面是哪種四邊形呢？

☑ 正方形　☐ 長方形

練習題

第 190 頁

講解

即使孩子已經記住了圖形的性質，被問到這樣的圖形題也有可能意外答不出來。如果題目中出現立體圖，還請試著在仔細觀察圖形的同時思考其特徵。

解說

❶❸ 正方體＝骰子的形狀
所有的面都是正方形

長方體＝面
- 全都是長方形

或是
- 長方形與正方形的組合

圖中的面是正方形，所以是正方體。

❷ 正方體所有的面都相同
→形狀相同的面有 6 個

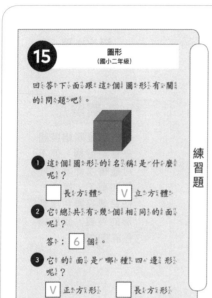

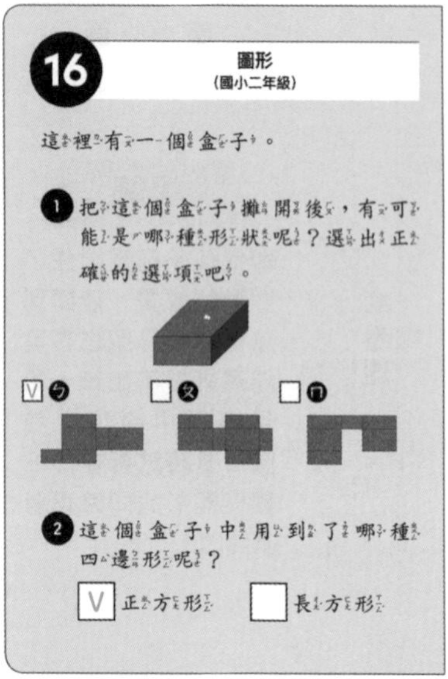

16 圖形（國小二年級）

這裡有一個盒子。

❶ 把這個盒子攤開後，有可能是哪種形狀呢？選出正確的選項吧。

[V] ㄅ　□ ㄆ　□ ㄇ

❷ 這個盒子中用到了哪種四邊形呢？

[V] 正方形　□ 長方形

第 191 頁

講解

把形狀實際組裝起來會更好懂，但不可能每次都準備好紙和剪刀。這是一個只要妥善利用圖形的性質，就能輕鬆解答的問題。

解說

① 盒子（長方體）相對的面兩兩相同
→選擇有兩兩相同的面的展開圖
→ㄅ為正解

② 長方體的面是長方形

17 圖形
（國小二年級）

回答下面跟這個圖形有關的問題吧。

1 把這個盒子攤開後，有可能是哪種形狀呢？

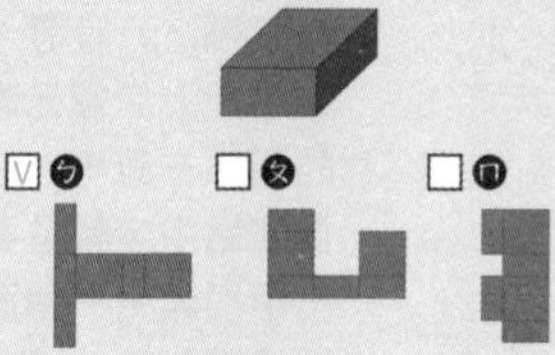

2 一共有幾個頂點呢？

答：8 個

練習題

第 192 頁

講解

在這個情況下必須確認是否有「組合後會不小心重疊的面」。把其中一面當作底面，保持不動，然後在腦海中試著將箱子組裝起來吧。

解說

1 箱子（長方體）相對的面形狀相同
→選擇相同的形狀相對地展開圖
→答案是ㄅ

ㄆ

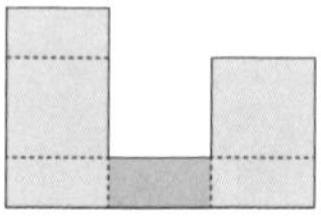

深色的部分沒有相對的面

ㄇ

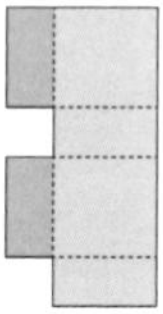

組裝時深色的部分會不小心重疊

2 箱子＝長方體
長方體的頂點有 8 個

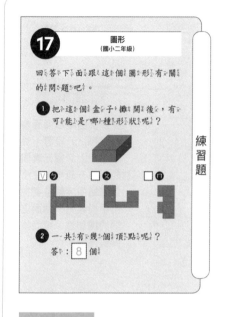

18 圖形
(國小二年級)

下方的圖形是某個盒子的展開圖。

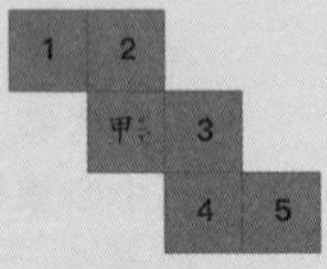

1 把盒子組裝起來後，會變成什麼形狀呢？

☐ 長方體　☑ 立方體

2 把盒子組裝起來後，哪一面會和甲面相對呢？

答：5

第 193 頁

講解

「這個面跟那個面會相接嗎？」等等，從展開圖上 2 個元素間的關係去思考。在這個問題中，就是要找出甲面與另一個面之間的關聯性，進而找到解答。

解說

1 所有的面都是正方形→正方體

2 與甲不相鄰的面才是相對的面

2 和 3 在展開圖中相鄰

1 和 4 在組裝起來時可想得到是相接

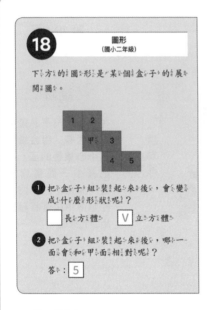

摸摸看實際的東西吧！
好喔

關卡3 單位與刻度的讀法（國小二年級）

孩子當然不會讀尺規上的刻度！

危險度 💀💀

重點

- 即使已經理解數字，在刻度和單位又會遇上新關卡。
- 如果1個刻度不是1，而是10或100，孩子就會混亂。
- 必須算出「1格的數值×格子的數量」，等同需要跟公式計算相同的能力。
- 必須看著題目中的圖形，以概念來思考，所以實際上很困難。

3 單位（長度的單位）（國小二年級）

練習題

1. 從尺的最左邊到箭頭的地方有多長呢？

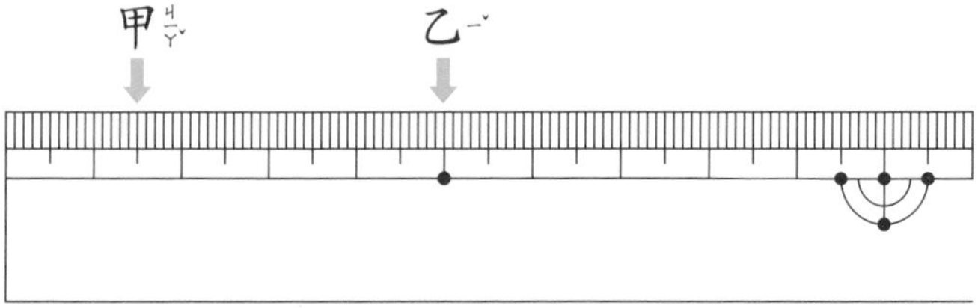

甲：[ ]公分5毫米　乙：[ ]公分

2. 在[ ]中填入正確的數字吧。

甲 15公分2毫米－9公分＝[ ]公分[ ]毫米

乙 5公尺60公分＋3公尺＝[ ]公尺[ ]公分

解答和解說位於第40頁。

刻度是「數字概念」的進化

許多孩子會卡關的第三個重點處，就是「刻度」與「單位」。

刻度與單位這幾個單元，原本難度就更難，和在關卡1與第146頁介紹過的「位值」有密切關聯。如果搞不清楚數字的概念，要理解這幾個單元就更困難了。

例如請看看直尺。最小的刻度是「1毫米」，10個1毫米就是「1公分」對吧。每10毫米就會就會進1位，單位雖然換了，但數字還是只有加1，這是很複雜的組合。孩子可能會覺得：

「為什麼後面的單位變了……」

「為什麼1有10個還是1呢？」

等等，可說是充滿了導致混亂的要素。

此外，如果是在考試中會出現的問題，1個刻度有時候是1、有時候是10，有時又會是20或100。如果沒有搞清楚位值與刻度的概念，孩子就會摸不著頭緒。

單位是「記憶＋數字概念」的合體技

這裡要牽涉到的是「單位」。

首先，第一個難點就是要記住的東西很多。特別是在二年級時會遇到的液體單位，也是容易卡關的重點。在「測量水的體積」的單元中，會聽到3個平常沒事不會聽到的單位：

- 公升（L）
- 分公升（dL）
- 毫公升（毫升）（mL）

分公升在生活中不會用到，而比起ml，毫升在日常生活中更常被稱為cc，可能連家長都會不小心搞混。

此外，長度的單位則有：

- 毫米（mm）
- 公分（cm）
- 公尺（m）
- 公里（km）

即使這對大人來說耳熟能詳，但也有很多孩子平時幾乎沒有接觸過這些概念。

如果想解開跟單位有關的題目，**必須先正確將單位記住，才能夠進行正確的計算來求解。**以了解單位的概念為前提，統一單位後進行計算，這無疑是相當困難的。

在考試的時候，不管是數學、化學或是物理，還會出現「數字算對了，但最後單位換算時錯了，所以被扣分」的情況。

對單位的理解還會牽涉到許多後續的影響。最早學習到刻度與單位是在二年級的時候，萬一不幸卡關，還請下定決心回到這裡來複習。

克服刻度與單位卡關的3大訣竅

1 用直尺、寶特瓶等實物展示

最好的方法果然還是**使用實物來說明**。

有的孩子即使沒辦法理解教科書上的直尺圖片，只要實際接觸到東西，就能馬上理解。

而關於液體的單位，也可以用寶特瓶、牛奶瓶來輔助，這樣更容易抓住單位的感覺。不妨讓孩子拿著1公升的牛奶瓶，問他：

「這瓶牛奶是1公升喔，你看看盒子上寫著幾毫升呢？」

又或者是拿著2公升的牛奶瓶，請孩子確認：

「這瓶牛奶是幾毫升裝呢？」

像這樣看著實物去掌握單位的感覺，對克服不擅長單位的關卡特別有效。

2 掌握單位的意思

用來表示液體容量的單位（公升、分公升、毫公升），就是將基本單位「公升」增加「分」、「毫」等變化而成。

「分」原本是代表「分成10個」的意思。也就是說「1公升＝10分公升」，代表「將1公升分成10個，就會變成1分公升」。

同樣地，「毫」則是「分成1000個」的意思。所以「1公升＝1000毫公升」，就代表「將1公升分成1000個，就會變成1毫公升」。

像這樣事先知道「單位的意思」，就能在遇到沒看過的單位不慌了手腳，順利進行單位換算。

3 換算成金錢

單位也可以換成用金錢來思考。

1毫米如果想成是1元……
1公分（10毫米）＝10元
10公分（100毫米）＝100元
1公尺（1000毫米）＝1000元

像這樣將金錢與單位結合來記憶，能讓孩子在腦海中更記得住，換算的時候也就能透過對金錢的印象來處理。

19 單位
（國小二年級）

練習題

在□中填入正確的數字吧。

1 從直尺的最左邊到甲、乙的長度分別是多少呢？

注意：1公分被平均分為10格相等的長度，1格的長度稱為1毫米。

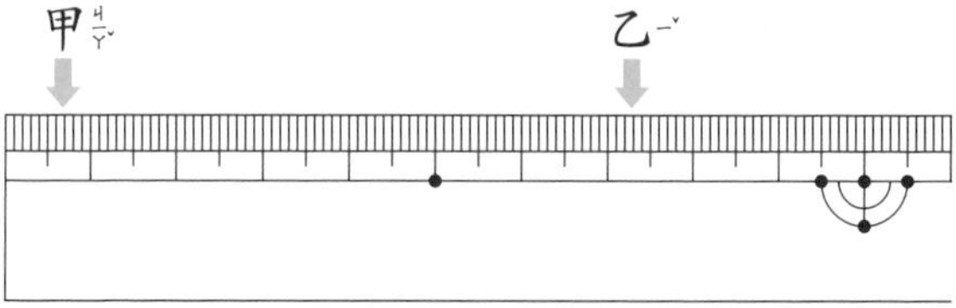

甲：□毫米

乙：□公分□毫米

解答與解說位於第216頁。

20 單位
(國小二年級)

在□中填入正確的數字吧。

1 甲、乙兩個路線之中，那個比較長呢？

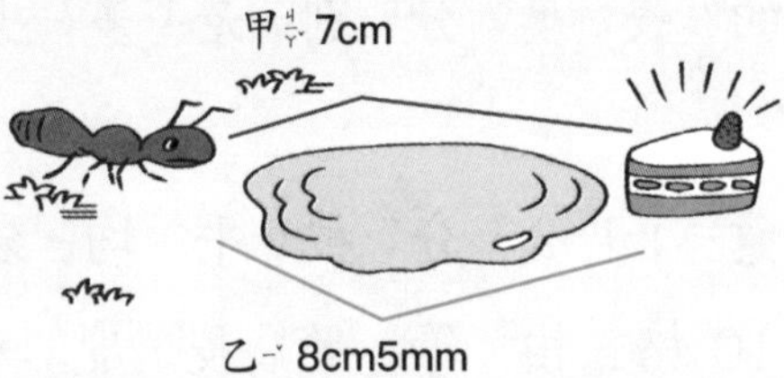

□甲
□乙
的路線長了□公分□毫米。

算出正確解答吧。

2 11 公分 5 毫米 ＋ 3 公分 ＝ □公分□毫米

3 15 公分 2 毫米 － 9 公分 ＝ □公分□毫米

練習題

解答與解說位於第 217 頁。

21 單位
(國小二年級)

在 □ 中填入正確的數字吧。

1. 1 公尺＝□ 公分
2. 比 1 公尺 55 公分短 25 公分的長度是 □ 公尺 □ 公分。

算出正確解答吧。

3. 5 公尺 12 公分＋2 公尺＝□ 公尺 □ 公分
4. 12 公尺 30 公分－7 公尺＝□ 公尺 □ 公分
5. 10 公尺 40 公分－6 公尺＝□ 公尺 □ 公分

解答與解說位於第 218 頁。

練習題

22 單位
(國小二年級)

在□中填入正確的數字吧。

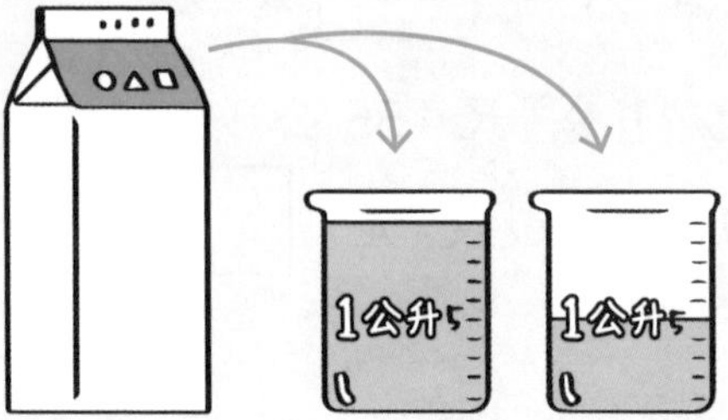

用來表示較大的容量的時候會使用叫做「公升」的單位。

1 公升＝□分公升。

紙盒裡裝的水容量共有□公升□分公升。

☜ 解答與解說位於第 219 頁。

23 單位
(國小二年級)

在□中填入正確的數字吧。

1. 1 公升＝□分公升
2. 3 公升 2 分公升＝□分公升
3. 2 公升－4 分公升＝□分公升
4. 1 公升 8 分公升－5 分公升＝□公升□分公升
5. 1 公升 6 分公升＋7 分公升＝□公升□分公升
6. 6 分公升＋4 分公升＝□公升

解答與解說位於第 220 頁。

24 單位
(國小二年級)

練習題

在 □ 中填入正確的數字吧。

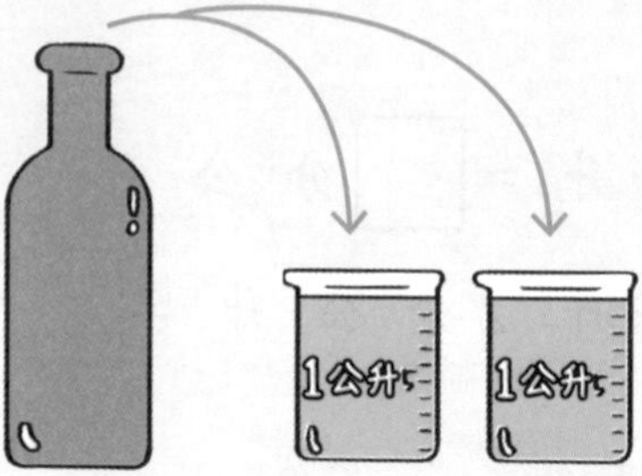

毫公升是用來表示比分公升更小的容量單位。

1000 毫公升 = 1 公升。

這個瓶子的容量是 □ 公升 = □ 毫公升。

又，100 毫公升 = 1 分公升，

所以這個瓶子的容量 = □ 分公升。

解答與解說位於第 221 頁。

25 單位
（國小二年級）

將下方的單位由大到小排列，

在□中填入正確的順序（1、2、3、4）吧。

① 10 分公升　500 毫公升

□　□

2 公升　50 毫公升

□　□

計算出正確的解答吧。

② 2 公升 ＋ 40 毫公升 ＝

□ 毫公升

③ 305 毫公升 ＝ □ 分公升

□ 毫公升

解答與解說位於第 222 頁。

19 單位（國小二年級）

在□中填入正確的數字吧。

① 從直尺的最左邊到甲、乙的長度分別是多少呢？

注意：1公分被平均分為10格相等的長度，1格的長度稱為1毫米。

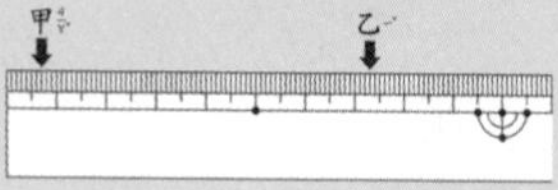

甲：7 毫米

乙：7 公分 3 毫米

練習題

第209頁

講解

直尺上有「毫米」與「公分」兩個基本長度單位。最好讓孩子趁早記住哪個單位名稱，是對應到哪個大小的刻度。

解答與解說

解說

① 直尺上最小的刻度為1毫米。

其他刻度如下所示。

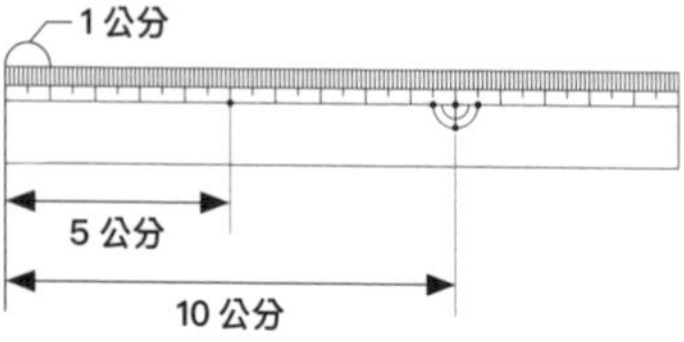

甲　從最左邊開始數7個刻度，

1毫米 ×7 ＝ 7毫米

乙　1個5公分的刻度→2個1公分的刻度→3個1毫米的刻度

5公分 ＋ 1公分 ×2 ＋ 3公分

＝ 7公分3毫米

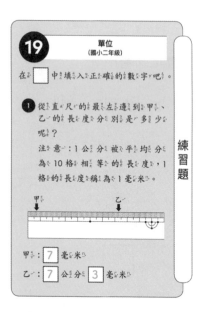

20 單位
(國小二年級)

在□中填入正確的數字吧。

❶ 甲、乙兩個路線之中，那個比較長呢？

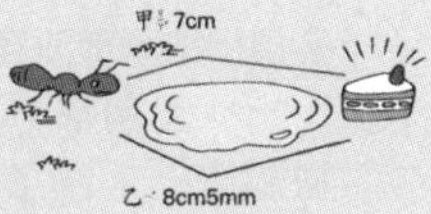

□甲
V 乙 的路線長了 1 公分 5 毫米。

算出正確解答吧。

❷ 11 公分 5 毫米 + 3 公分 = 14 公分 5 毫米

❸ 15 公分 2 毫米 − 9 公分 = 6 公分 2 毫米

練習題

第 210 頁

講解

用直式計算中統一位數再計算的要領，統一單位後再進行計算吧。如果養成直式計算的習慣，就算遇到定位，也不容易算錯。

解說

把公分和毫米分開計算。

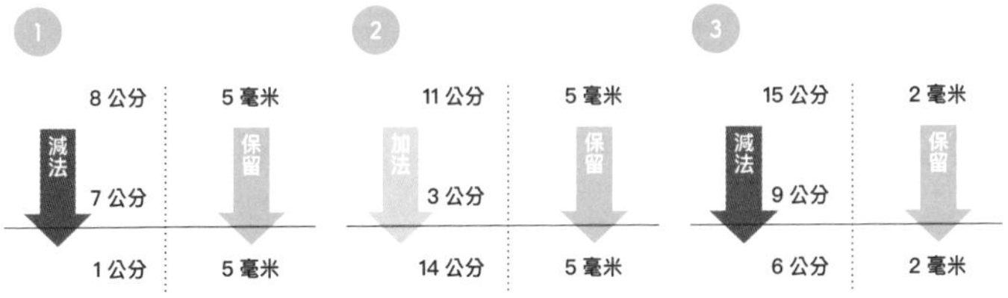

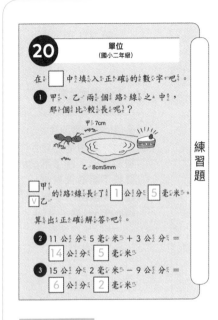

21 單位（國小二年級）

在□中填入正確的數字吧。

1. 1公尺＝[100]公分
2. 比1公尺55公分短25公分的長度是[1]公尺[30]公分。

算出正確解答吧。

3. 5公尺12公分＋2公尺＝[7]公尺[12]公分
4. 12公尺30公分－7公尺＝[5]公尺[30]公分
5. 10公尺40公分－6公尺＝[4]公尺[40]公分

第211頁

講解

必須仔細瀏覽問題，找出「哪個部分該加起來」。為了不要犯下粗心大意的錯誤，還請小心謹慎地進行計算。

解說

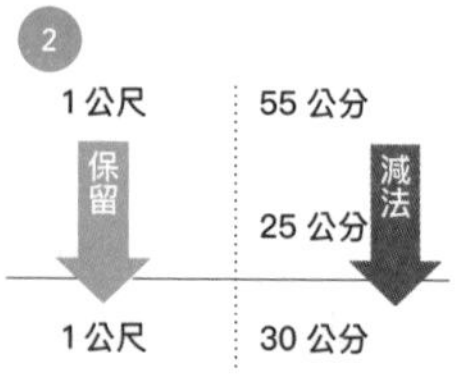

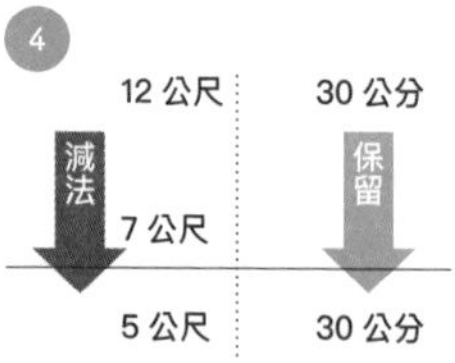

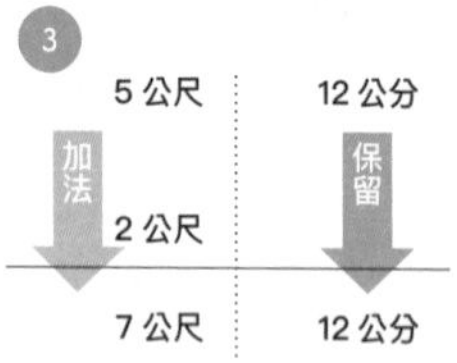

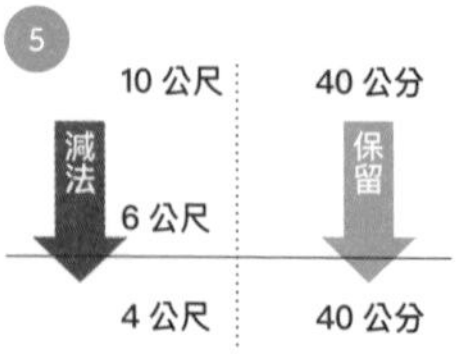

22 單位
（國小二年級）

在 □ 中填入正確的數字吧。

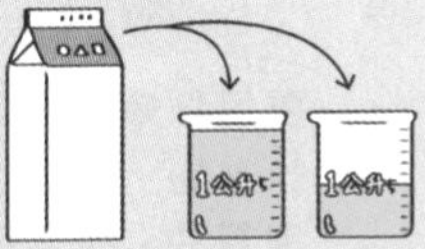

用來表示較大的容量的時候會使用叫做「公升」的單位。

1 公升＝ 10 分公升。

紙盒裡裝的水容量共有 1 公升 5 分公升。

練習題

第 212 頁

講解

不斷出現新的單位，就是造成孩子混亂的原因。可以實際測量不同單位的長度，或是比較容量的大小，只要能讓孩子有真實感，就能更快吸收內容。

解說

1 公升的燒杯有 10 個刻度
→每個刻度是 1/10 公升＝ 1 分公升

裝滿的燒杯＋裝到刻度 5 格處的燒杯
＝ 1 公升＋ 5 分公升＝ 1 公升 5 分公升

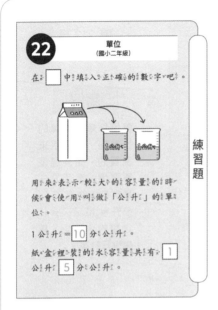

23 單位（國小二年級）

在□中填入正確的數字吧。

1. 1公升＝[10]分公升
2. 3公升2分公升＝[32]分公升
3. 2公升－4分公升＝[16]分公升
4. 1公升8分公升－5分公升＝[1]公升[3]分公升
5. 1公升6分公升＋7分公升＝[2]公升[3]分公升
6. 6分公升＋4分公升＝[1]公升

第213頁

講解

應用到單位換算的計算題，就是用來練習的。如果還沒算習慣，有個方法是在旁邊先寫下「1公升＝10分公升」之類的小筆記，再來進行計算。

解說

1. 1公升＝10分公升（先把這個記下來。分是「十分之一」的意思。）
2. 3公升＝30分公升
   3公升2分公升＝30分公升＋2分公升
   ＝32分公升
3. 2公分＝20分公
   2公升－4分公升＝20分公升－4分公升
   ＝16分公升
4. 1公升8分公升－5分公升＝1公升3分公升
5. 1公升6分公升＋7分公升＝1公升13分公升
   ＝1公升＋10分公升＋3分公升
   ＝1公升＋1公升＋3分公升
   ＝2公升3分公升
6. 6分公升＋4分公升＝10分公升
   ＝1公升

24 單位
（國小二年級）

練習題

在□中填入正確的數字吧。

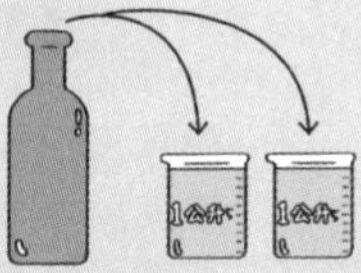

毫公升是用來表示比分公升更小的容量單位。

1000 毫公升 = 1 公升。

這個瓶子的容量是 2 公升
= 2000 毫公升。

又，100 毫公升 = 1 分公升，

所以這個瓶子的容量 = 20 分公升。

第 214 頁

講解

用來表示液體容量的單位中，毫升是我們最熟悉的一種。可以從尋找圍繞在我們身邊的毫升標示開始，抓住「1 公升 = 1000 毫升」的感覺。

解說

- 倒了 2 杯 1 公升的燒杯，
  所以瓶子的容量是 2 公升。

- 1 公升 = 1000 毫公升，所以
  2 公升 = 1000 毫公升 ×2 = 2000 毫公升

- 2 公升 = 2000 毫公升
  100 毫公升 = 1 分公升，所以
  2000 ÷ 100 = 20

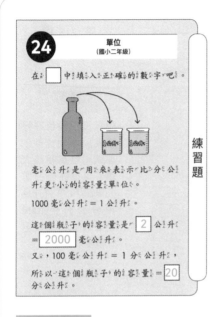

25 單位（國小二年級）

將下方的單位由大到小排列，在□中填入正確的順序（1、2、3、4）吧。

❶ 10 分公升 [2]　500 毫公升 [3]

2 公升 [1]　50 毫公升 [4]

計算出正確的解答吧。

❷ 2 公升＋40 毫公升＝ [2040] 毫公升

❸ 305 毫公升＝ [3] 分公升 [5] 毫公升

第 215 頁

講解

如果沒把題目好好讀完就開始作答，那就很容易粗心大意。可以在空白處先筆記下「1 公升＝10 分公升＝1000 毫公升」，然後再一步步解答。

解說

① 換成最小的單位「毫公升」來想想看吧！

10 分公升＝1000 毫公升
2 公升＝2000 毫公升

10 分公升 500 毫公升 2 公升 50 毫公升
➡ 1000 毫公升 50 毫公升 2000 毫公升 50 毫公升

② 2 公升＝2000 毫公升
2 公升＋40 毫公升＝2000 毫公升＋40 毫公升
＝2040 毫公升

③ 100 毫公升＝1 分公升
305 毫公升＝300 毫公升＋5 毫公升＝3 分公升 5 毫公升

125
公分
125 公分就是
1 公尺又 25
公分呀…

關卡5 理解圓與半徑・直徑（國小三年級）

為什麼連這個也搞不懂？！讓家長大為震驚的問題之一。

危險度 💀💀

重點

- 除了圖形，還得面對「半徑」「直徑」這些陌生概念，容易混亂。
- 即使是在補習班超前補數學的孩子，還是有很多人不會。讓父母大為震驚的單元。
- 在這裡卡關的話，高年級的圓面積和圓周率計算就完蛋！

※關卡4的「應用題」將在第三章中個別介紹，敬請參考第276頁。

練習題

5 圖形

（國小三年級）

有3個相同大小的圓形，如下圖。

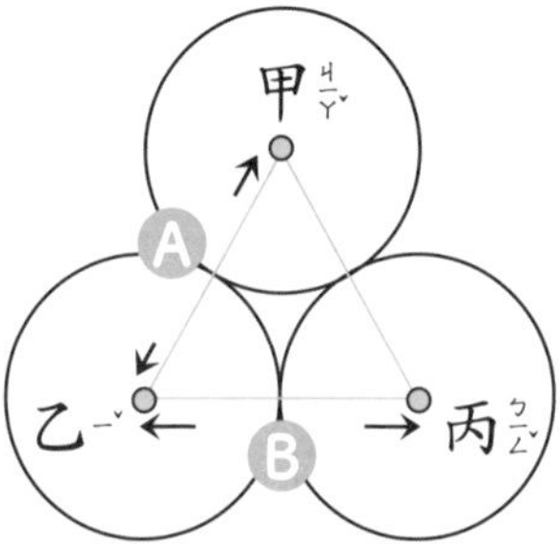

1 當圓半徑為3公分的時候，A與B的長度各是幾公分呢？

A □ 公分　B □ 公分

2 將3個圓的圓心甲、乙、丙相連，會出現哪一種三角形呢？

□ 正三角形　□ 等腰三角形　□ 直角三角形

解答和解說位於第 42 頁。

讓大家頭痛的問題① 直徑與半徑

關卡5就是圓的半徑與直徑的問題。這個問題到目前為止已經讓許多家長大大震驚了一番。

為了進一步推廣RISU教材，我們在購物中心等地方舉辦了體驗活動。在活動上最常使用到的，就是這個圓與三角形的組合題。

即使是在以培養計算能力為主的補習班、超前學習國中數學的孩子，也常有解不出這個三角形問題的狀況。在一旁的家長可能會覺得：

「都已經學到國中範圍了，這個很簡單吧。」

但卻有高達8成的孩子在遇到這個題目時都愣在原地。

讓許多孩子為之一愣的這道題目，用到的計算其實很簡單。

然而，在這個題目之中，必須要從圖形去了解題目的用意才行。因此會需要以下的步驟：

1. 理解形狀
2. 根據題目的文意建立公式
3. 解開公式

去數學補習班或心算教室補數學時時，都是在反覆練習第三步驟。**但關於「理解形狀的能力」和「建立公式的能力」，在補習班基本上完全不會接觸到。**這是即使計算題目一百萬次也無法掌握的能力。

如果在補習班超前學習，家長跟孩子都會產生莫名的優越感。萬一在哪個部分遇到卡關，通常都不願意回去複習先前年級的內容。「我的孩子進度已經超前了，低年級的範圍他都已經懂了。」家長容易受到這種幻想限制。然而，當孩子在數學上卡關時，能否拋開這樣的幻想才是決勝關鍵。

讓大家頭痛的問題② 箱子裡的球

還有一個題目也會讓大多數的孩子感到頭痛。

【問題】箱子裡放了6顆球，如圖所示。請問甲的長度是多少？

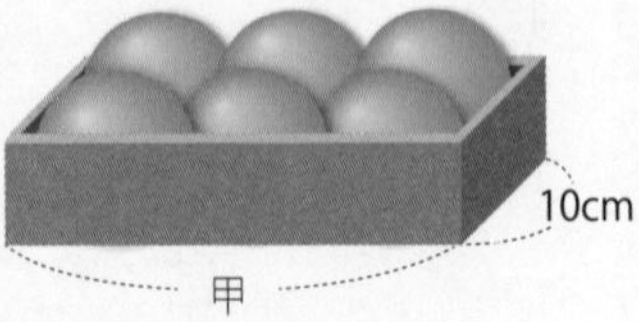

【答：15公分】

最近，我讓某位家長看了這個題目，告訴他：

「大家都會錯這個題目呢。」

這位對教育很熱心的家長便半信半疑地問：

「真的假的？像這種問題大家都會錯？是錯在哪裡？」

「我覺得超級簡單的啊……」

他這樣說了的幾個月後，我又再次見到他。

「今木老師，那個題目果然會錯耶！我家的小三生在暑期練習題裡面就答錯了！」

他笑著向我報告。

「因為您告訴我大家都會錯這題，所以我兒子寫錯的時候，我反而莫名興奮。『還真的錯了啊？』這樣。不過如果不知道大家都會卡關的話，我可能會想說**『連這麼簡單的題目都不會嗎？』**心裡緊張得要死也說不定。感謝您先跟我說了這件事。」

光只是像這樣先知道孩子容易錯的地方，就能夠消除家長多餘的不安。這樣也讓家長更有餘裕包容孩子的錯誤，我覺得這就是一大優點。

因為家長看來認為理所當然要答對的題目，其實有很多孩子會答得七零八落。

為了預防萬一，這裡先來解答前面的問題。2顆球的直徑合計是10公分，所以1顆球的直徑是：

10÷2＝5（公分）

3顆球排在一起的話，就是：

5×3＝15（公分）

所以答案是「15公分」。

克服半徑與直徑卡關的3大訣竅

1 確實複習圓半徑與直徑的思考方式

半徑、直徑這兩個詞，對小三生來說可能是很陌生的詞彙。首先就是要讓孩子確實了解這兩個詞到底代表什麼意思。

首先就是在日常生活中試著使用看看。例如在切蛋糕的時候，就可以問孩子：

「蛋糕的直徑是多少呢？」

「切下來的這塊就是它的半徑唷！」

只要像這樣說，就能**將概念轉換為具體的物品，幫助孩子理解**。

對大人而言，將圖形置換為具體的東西，可能會有一點違和感；但這對促進孩子的理解是相當有效的。不只是圓，在學習其他平面圖形和立體圖形的時候，也務必採用這個方式試看看。

2 熟悉各式各樣關於圓的題目

對於圓的相關題目，事先熟悉各種出題模式是件很重要的事。

藉由練習題來接觸各種題型，讓孩子自己嘗試錯誤、試著思考，孩子就會對如何處理圓的題目更熟悉。具體來說，**練習時一道題目請花1分鐘以上好好思考，再自己解題**。如果題目太難解不開，也可以先參考解說的說明，再把問題重新想一次。

接下來會介紹數個考試時常見的圓相關題目，還請妥善應用，讓孩子熟悉半徑與直徑吧。

26 半徑與直徑
（國小三年級）

練習題

有2個圓，如下圖所示。

大圓甲的半徑長等於小圓乙的直徑長。

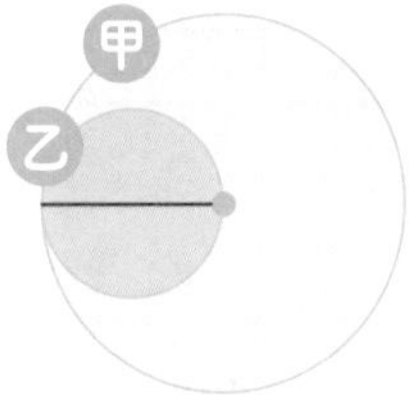

1 如大圓的直徑為28公分，則大圓的半徑為幾公分？

答：☐公分

2 同上時，小圓的半徑為幾公分呢？

答：☐公分

解答與解說位於第240頁。

27 半徑與直徑
(國小三年級)

有4個直徑6公分、相同大小的圓，排列如下。

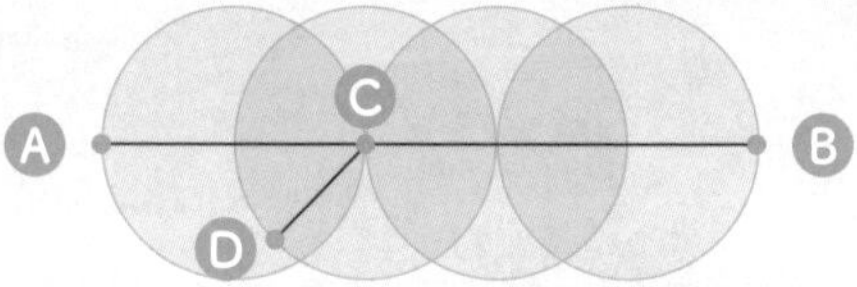

1 直線AB的長度是幾公分呢？

答：□公分

2 直線CD的長度是幾公分呢？

答：□公分

練習題

解答與解說位於第241頁。

28 半徑與直徑
(國小三年級)

將下面的長方形用半徑2公分的圓填滿，且圓與圓之間不重疊。

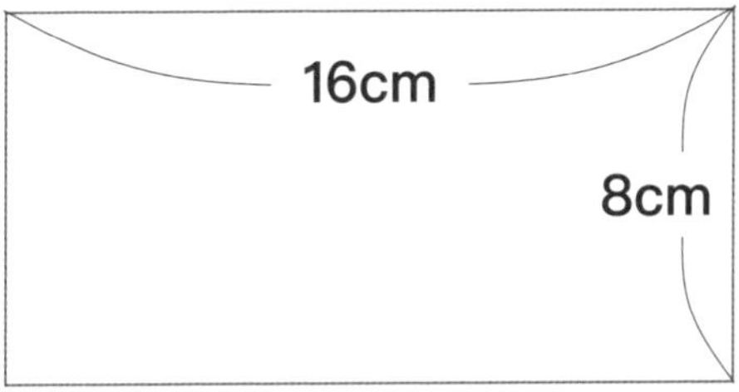

1 裡面總共可以填入幾個圓呢？

答：□個

解答與解說位於第 242 頁。

3 回到在方形的一部分放入三角形的題目

如果孩子不擅長圓的題目，特別是直徑與半徑的題目，那就要**回到二年級時的基礎圖形題**。

【問題】圖在一張對摺的紙上，畫上如圖所示的線，並用剪刀剪下來。請問將紙打開後，會變成哪種三角形呢？

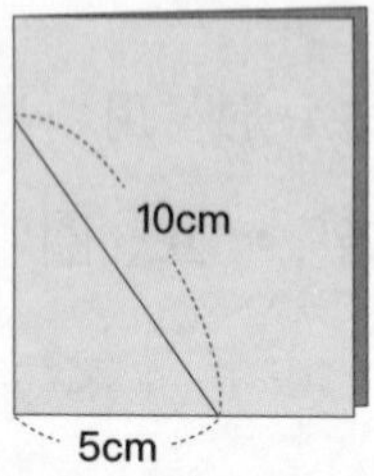

- ☐ 等腰三角形
- ☐ 正三角形

【答：正三角形】

只要充分理解方形與三角形的組合題，就能打好圓與三角形的組合題、圓與直線的組合題等問題的基礎。

29 四邊形與三角形
(國小二年級)

練習題

找出直角三角形吧。

1

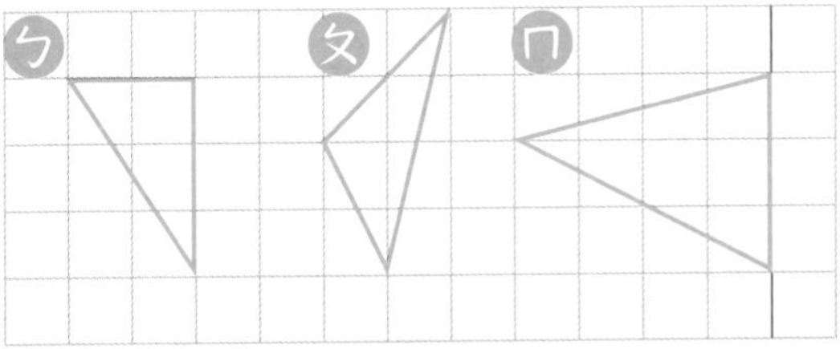

□ㄅ □ㄆ □ㄇ

2

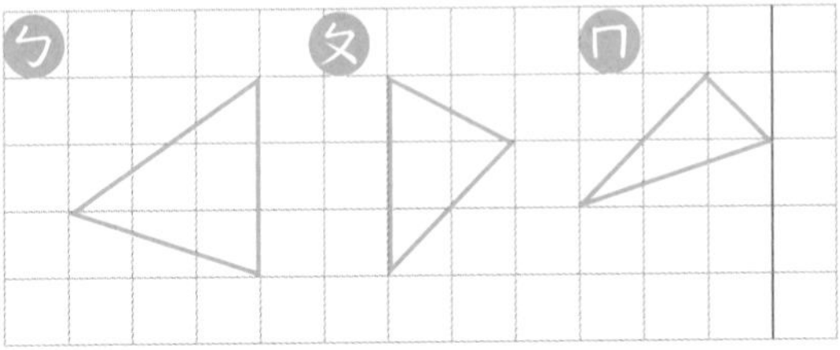

□ㄅ □ㄆ □ㄇ

解答與解說位於第 243 頁。

30 四邊形與三角形
(國小二年級)

練習題

請問包含了長方形和正方形的是哪個組合呢？

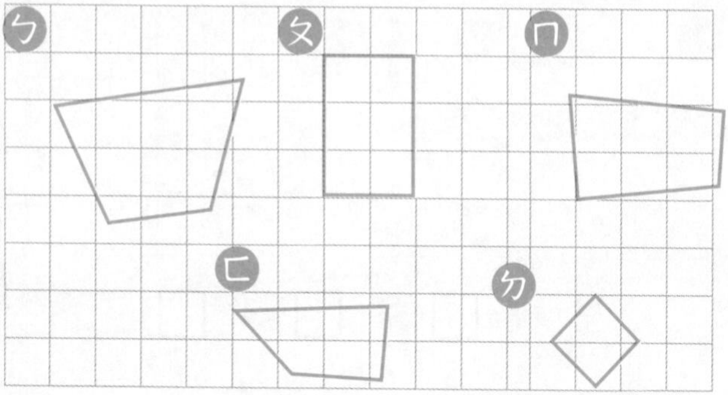

□ ㄅ是長方形，ㄇ是正方形

□ ㄅ是長方形，ㄉ是正方形

□ ㄆ是長方形，ㄇ是正方形

□ ㄆ是長方形，ㄉ是正方形

☞ 解答與解說位於第 244 頁。

31 四邊形與三角形
（國小二年級）

①

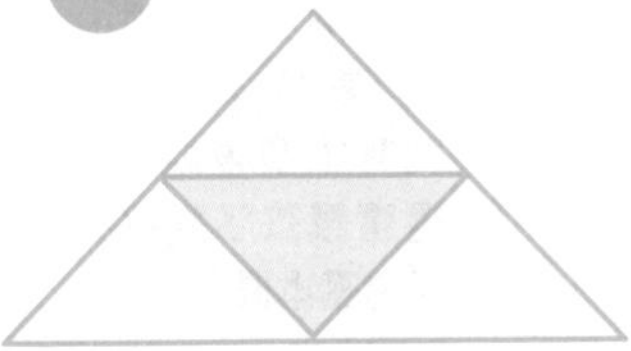

②

① 的圖形之中，排列在一起的圖形，和4個圖形組合而成的圖形，都是

☐ 正方形

☐ 等腰三角形

② 的圖形之中，2個直角三角形排在一起會變成

☐ 正方形

☐ 長方形

解答與解說位於第245頁。

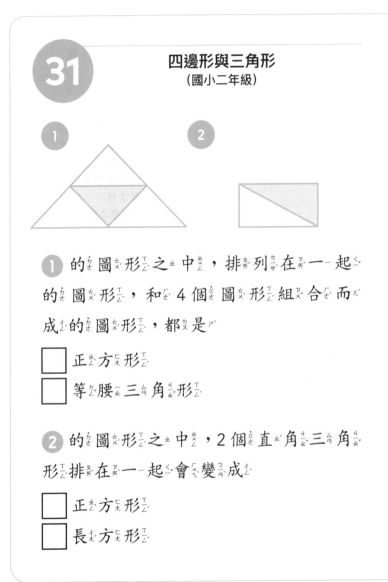

26 半徑與直徑
(國小三年級)

有2個圓，如下圖所示。

大圓甲的半徑長等於小圓乙的直徑長。

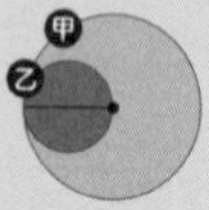

練習題

1. 如果大圓的直徑為28公分，則大圓的半徑為幾公分？

答：14 公分

2. 同上時，小圓的半徑為幾公分呢？

答：7 公分

第223頁

講解

光是關於「半徑」與「直徑」的問題，就有很多種題型。還請讓孩子先好好釐清基本概念。

解答與解說

解說

半徑＝直徑的 $\frac{1}{2}$

1. 直徑為28公分，半徑為

$28 \times \frac{1}{2} = 14$（公分）

2. 大圓的半徑與小圓的直徑長度相同，所以

比1小的圓形直徑為14公分，半徑為

$14 \times \frac{1}{2} = 7$（公分）

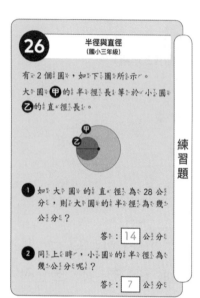

27 半徑與直徑
（國小三年級）

練習題

有4個直徑6公分、相同大小的圓，排列如下。

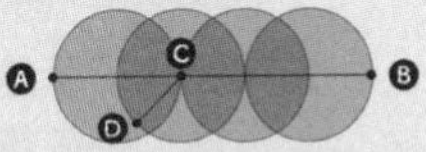

❶ 直線AB的長度是幾公分呢？

答：15 公分

❷ 直線CD的長度是幾公分呢？

答：3 公分

第 234 頁

講解

「半徑」與「直徑」會遇到的問題中，最常出現的就是多個圓形重疊的題型。重點是找出必要的資訊，不要被題目敘述干擾。

解說

❶ 從 A 到 B 的長度，等於 2 個圓的直徑＋ 1 個半徑

圓形的直徑是 6 公分，半徑 3 公分

6 公分 × 2 + 3 公分 = 15 公分

❶ C 到 D 的半徑為圓的半徑，所以是 3 公分

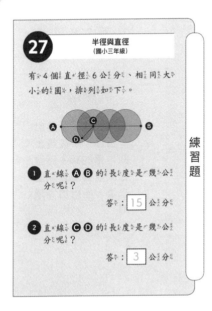

28 半徑與直徑
（國小三年級）

將下面的長方形用半徑2公分的圓填滿，且圓與圓之間不重疊。

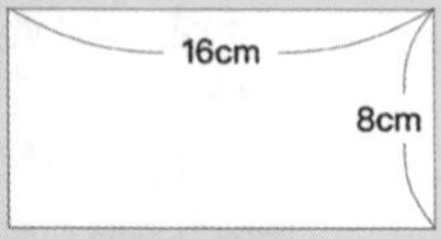

❶ 裡面總共可以填入幾個圓呢？

答：8 個

第 235 頁

講解

先在長方形裡畫出一個圓，然後畫出圓半徑的線。將題目敘述實際畫成圖來看，能夠加深理解。

解說

❶ 半徑 2 公分的圓，直徑為 $2\times2=4$（公分）
長方形的長邊為 16 公分，
一邊可以填進 $16\div4=4$，一共 4 個圓。
長方形的短邊為 8 公分，
一邊可以填進 $8\div4=2$，一共 2 個圓

長邊可以填 4 個圓，短邊可以填 2 個圓，
$4\times2=8$，整個長方形共可填入 8 個圓。

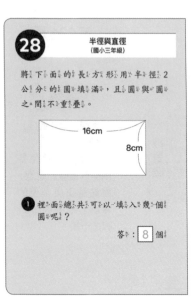

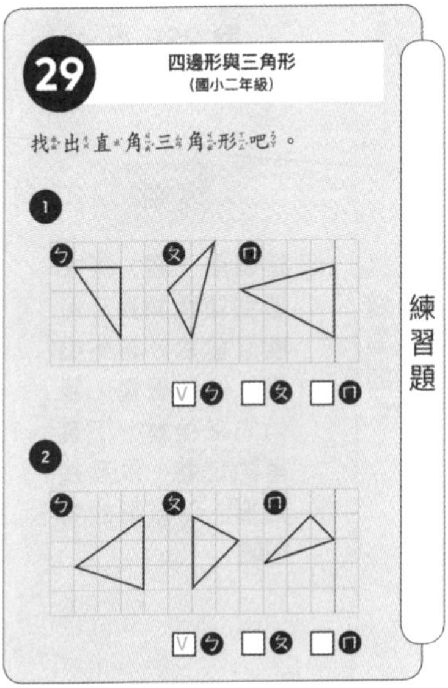
29 四邊形與三角形
（國小二年級）

找出直角三角形吧。

1

☑ㄅ □ㄆ □ㄇ

2

☑ㄅ □ㄆ □ㄇ

練習題

第 237 頁

講解

如果只沿著好懂的正方形格線看，這題就會變得意外難解。如果解不開題目的話，還請先回去複習直角的性質和角度吧。

解說

1 網格是正方形的話，角度就是直角。

ㄅ右上角的角跟網格一致，所以ㄅ是直角三角形。

2 仔細看ㄇ的話，會發現它有兩格剛好把正方形切成兩半。

直角（90°）的一半是 45°

2 個 45°合在一起，所以就是 90°

＝直角

因此，答案是ㄇ

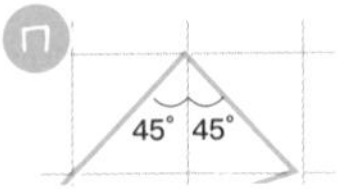

如果只沿著好懂的正方形格線看，這題就會變得意外難解。

30 四邊形與三角形
(國小二年級)

請問包含了長方形和正方形的是哪個組合呢？

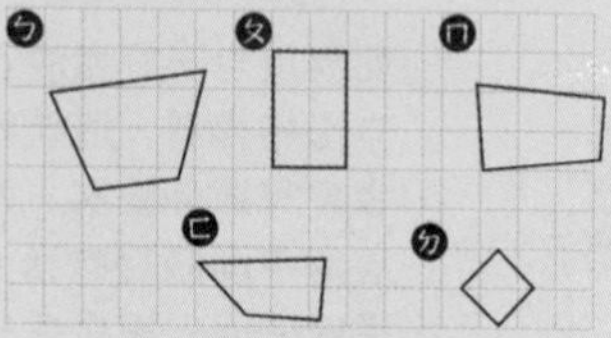

- [ ] ㄅ是長方形，ㄇ是正方形
- [ ] ㄅ是長方形，ㄉ是正方形
- [ ] ㄆ是長方形，ㄇ是正方形
- [x] ㄆ是長方形，ㄉ是正方形

練習題

第 238 頁

講解

延續前一題，再次遇到這種題目，可能又會意外答不出來。但別著急，我們先來複習一下直角的定義，以及長方形、正方形的特徵吧。

解答與解說

解說

1 網格是正方形的話，角度就是直角。

在ㄅ、ㄆ之中，ㄆ的角跟網格一致。

長方形的角是直角，

所以ㄆ是長方形。

2 仔細看ㄉ的話，會發現它的四個邊都剛好把正方形切成兩半。

直角（90°）的一半是 45°，

2 個 45°合在一起，就是 90°＝直角。

正方形的角是直角，

所以ㄉ是正方形。

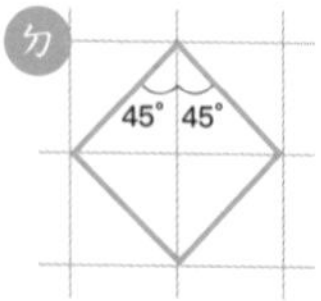

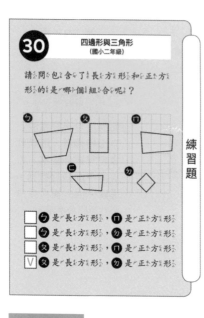

31 **四邊形與三角形**
(國小二年級)

❶ 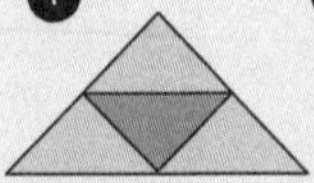

❷ 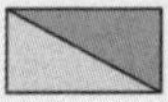

❶ 的圖形之中，排列在一起的圖形，和 4 個圖形組合而成的圖形，都是

□ 正方形
◯ 等腰三角形

❷ 的圖形之中，2 個直角三角形排在一起會變成

□ 正方形
◯ 長方形

第 239 頁

講解

這是結合了前面兩題的題目。只要妥善使用構成圖形的元素，掌握圖形的特徵，就不會被選項混淆，進而找出解答。

解說

❶

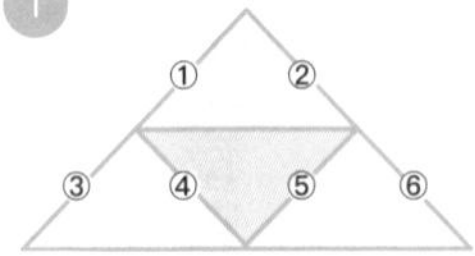

排列在一起的圖形是三角形，左右邊長相等。

→等腰三角形

4 個圖形組合而成的圖形也是三角形，左右邊長相等。

→等腰三角形

❷

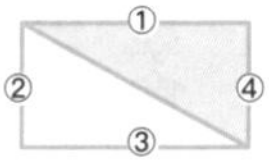

這個由 2 個直角三角形排列組合而成的圖形是：

- 四邊形
- 所有的角都是直角
- 相對的邊長兩兩相等

→長方形

※ 正方形要 4 個邊都等長，所以這個圖形不是正方形。

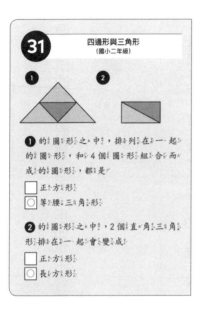

補充篇

時間的計算（國小二年級～三年級）

要考試的話絕對要克服，但如果不會考的話就不用管它的單元。

危險度

重點

- 有很多孩子會在突然出現的60進位卡關！
- 上午和下午、24點＝0點也很難懂。
- 時間只會在低年級時學到，升上高年級就不會再出現。就算不擅長，放著不管也不會有實質上的問題（不過如果要考試就必須學會）。

練習題

32 時間
(國小二年級)

請問經過了多久時間呢？

上午 8 點 15 分

➡ 下午 3 點 30 分

□ 小時 □ 分

解答與解說位於第 259 頁。

不管時間計算幾乎不會有實質上的問題

雖然「時間」被放在番外篇，不過實際上，**這稱得上是孩子最常卡關的單元**。

在時間的單元，會突然摻雜60進位跟24進位，還會加入上午、下午的區隔，這和孩子到目前為止接觸到的10進位完全不同。

為什麼時間計算對孩子來說是大魔王呢？總結理由如下：

- 60進位（60秒為1分鐘、60分鐘為1小時）
- 24進位（24小時為1天）。過了24點之後會變成0點。
- 分成上午、下午的規則。
- 「下午1點等於13點」的24小時制。
- 時針與分針的運作規則各自不同。
- 時針跟分針的報讀方式不同（時鐘顯示時間是以時針為主）。

- 有時候用分來表示，有時候用小時來表示（90分鐘、1小時30分鐘和1個半小時都一樣）。
- 最近數位時鐘增加，孩子跟指針時鐘不熟。

以「3點15分」為例，時針不會剛好在3上方，而是落在靠近3的位置；相反地，如果是3點55分，時針就會指向幾乎貼近4的位置，感覺上很難講說是「3點幾分」。再加上分針指著的地方明明只寫著3，卻得讀成「15」。

如同前述，**時間的單元大多數都有「決定好的規則」，必須根據規則進行計算**，這樣的雙重前提會讓孩子們很頭痛。

如果再加上進位，問題就會變得更難。

【問題】小華走到某個地方花了2小時43分鐘，然後又繼續走了3小時30分鐘。請問總共走了幾小時幾分鐘？

【答：2小時43分鐘＋3小時30分鐘＝5小時73分鐘＝6小時13分鐘】

孩子在國小二、三年級的時候會上到這個單元，但這時候正好也是孩子拚了命想搞懂位數概念的時期。

明明還在學從「10」到「100」的位數變換，卻突然又改成24和60進位，孩子應該會覺得腦袋一片空白才是。

也有孩子拚命想搞懂時間計算，結果卻反而變得搞不清楚之前努力學過的「位數概念」。

時間這個單元原本就有難度，再加上學習的時機也不對……如果孩子沒有要考國中升學考試，我覺得**在低年級的時候放著不管也沒關係**。

因為升上了四年級之後，時鐘之類的單元就不會再登場了。就算放著不管，孩子自己也會慢慢看懂，也沒有什麼需要讀取時鐘的特別應用題。時間計算就是一個特殊單元。

另一方面，如果孩子需要參加國中升學考試，就非得把這個單元搞懂不可了。

如同前述，時間這個單元原本就有難度，也常與其他單元結合出題。不只是看時鐘本身，還會要你求出時針和分針之間的角度。

根據孩子是否參加升學考試，對此單元的處理方式也有所不同。因此，在本書中才會將時間的計算當作「番外篇」。

克服時間計算卡關的3大訣竅

1 在家中放置指針時鐘

時間的單元難在它有很多固定法則。因此，首先就讓孩子熟悉指針時鐘吧。如果平常就能常看到時鐘，接觸到相關內容時的難度就會大幅下降。

2 使用真實的時鐘進行解說

使用真實的時鐘或時鐘模型，一邊轉動指針、一邊進行解說，有時就能出乎意料地輕鬆解開問題。只嘗試在紙上解說是不行的。

3 如果還是不會，就讓時間來解決

如果還是不會時間計算，那就「讓時間來解決」，稍微先跳過一陣子也是一種方法。等孩子充分學會「位數概念」之後，再學這個單元應該就不難了。

即使是要參加升學考試的孩子，也可以在低年級時先跳過，等升上高年級再重拾這個單元也不遲。

33 時間

（國小二年級）

練習題

現在是 8 點 10 分。回答出接下來的時間吧。

① 20 分鐘後

答：□點□分

② 40 分鐘後

答：□點□分

③ 60 分鐘後

答：□點□分

☜ 解答與解說位於第 260 頁。

34 時間
(國小二年級)

回答關於一天時間的問題吧！

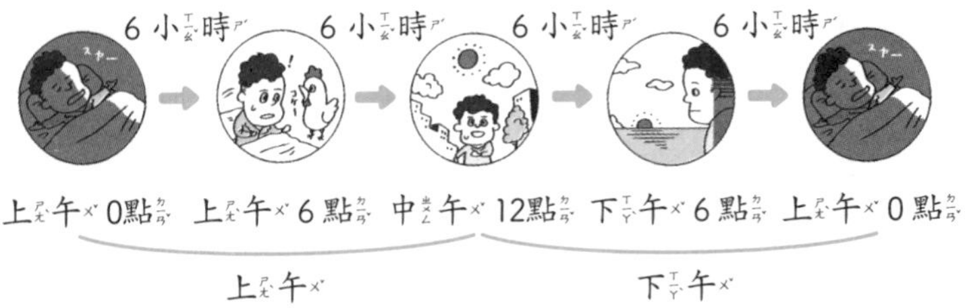

1. 從早上幾點到白天幾點是上午呢？

答：從□點到□點

2. 上午跟下午各有幾小時呢？

答：各有□小時

解答與解說位於第261頁。

35 時間
（國小二年級）

練習題

記住「24 小時制」的計算方法吧！

下午 1 點
= 13 點

下午 3 點
= 15 點

下午 5 點
= 17 點

下午 11 點
= 23 點

1

答：下午 □ 點 □ 分 = 23 點

2

答：下午 □ 點 □ 分 = □ 點

☜ 解答與解說位於第 262 頁。

36 時間
（國小二年級）

1. 哥哥上午9點30分離開家裡，5小時後到學校。請問他到的時間是幾點幾分呢？

答：下午□點□分

2. 妹妹中午12點00分離開家裡，70分鐘後到海邊。請問她到海邊的時間是幾點幾分呢？

答：下午□點□分

3. 從家裡到火站要花90分鐘。安安下午11點30分到車站，請問他幾點幾分從家裡出門呢？

答：下午□點□分

解答與解說位於第263頁。

37 時間
（國小三年級）

練習題

看下圖回答出問題吧。

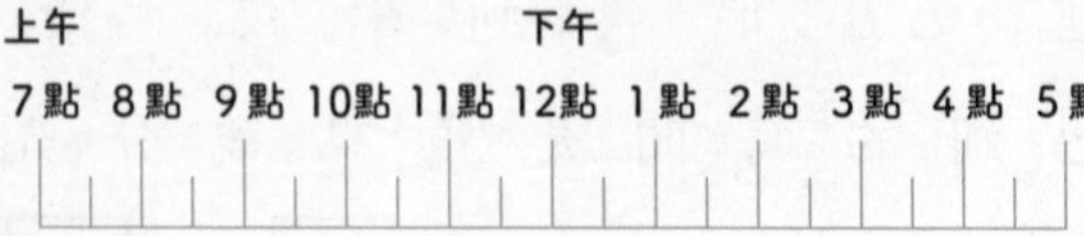

1 從上午11點到下午1點總共經過了幾小時呢？

答：＿＿小時

2 從上午9點到下午2點總共經過了幾小時呢？

答：＿＿小時

3 從上午11點到下午5點總共經過了幾小時呢？

答：＿＿小時

4 從上午8點到下午4點總共經過了幾小時呢？

答：＿＿小時

☜ 解答與解說位於第 264 頁。

解答與解說

練習題

32 時間
（國小二年級）

請問經過了多久時間呢？

上午8點15分

➡ 下午3點30分

7 小時 15 分

第247頁

講解

雖然也可以把上午經過的時間跟下午經過的時間分開思考，但像這樣有計算到「分鐘」的情況，用24小時制來思考會比較順利。

解說

用24小時制來思考！

上午8點15分→8點15分
下午3點30分→15點30分

15點30分－8點15分＝7點15分

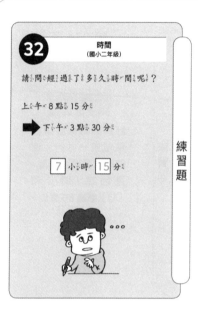

解答與解說

練習題

33 時間
（國小二年級）

現在是8點10分。回答出接下來的時間吧。

❶ 20分鐘後

答：8 點 30 分

❷ 40分鐘後

答：8 點 50 分

❸ 60分鐘後

答：9 點 10 分

第254頁

講解

計算的時候必須把單位統一才行。進位時會變得很複雜，是因為「時」和「分」都是60進位。

解說

把❶、❷時間的「分鐘」加上經過的「分鐘」吧！

❶ 10分＋20分＝30分→8點30分

❷ 10分＋40分＝50分→8點50分

❸ 60分鐘＝1小時（這個要記住！）

所以60分鐘後＝1小時後

8點10分過了1小時＝9點10分

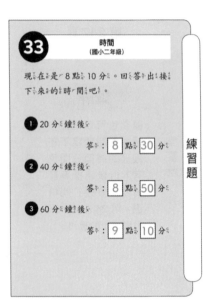

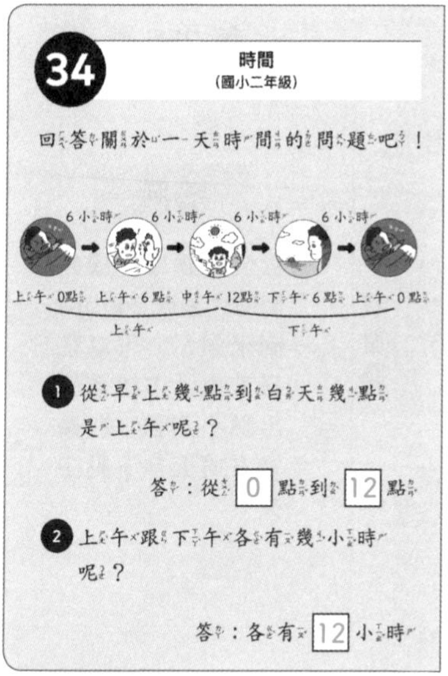

34 時間（國小二年級）

回答關於一天時間的問題吧！

1 從早上幾點到白天幾點是上午呢？

答：從 0 點到 12 點

2 上午跟下午各有幾小時呢？

答：各有 12 小時

第 255 頁

講解

以「中午（正午 12 點）」為基準，劃分為「上午（12 小時）」與「下午（12 小時）」。從詞彙的名稱來記住，也是一種方法。

解說

由圖可知，在一天（24 小時）之中，是以「中午（正午 12 點）」為基準，劃分為「上午（12 小時）」與「下午（12 小時）」。

1 上午是從上午 0 點到中午 12 點的 12 個小時。
→ 0 點到 12 點

2 由圖可知，上午和下午各有 12 個小時。

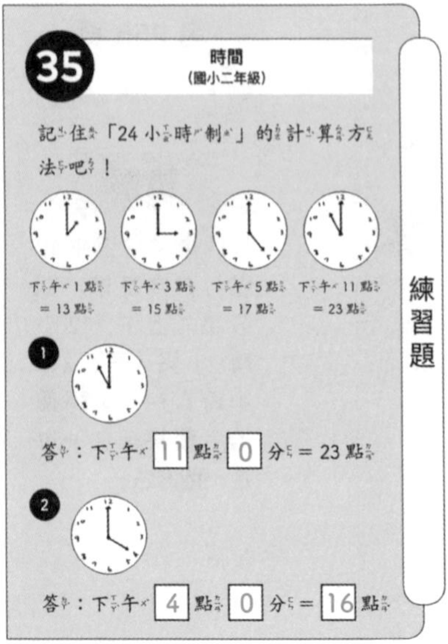
35 時間（國小二年級）

記住「24小時制」的計算方法吧！

下午1點 = 13點　下午3點 = 15點　下午5點 = 17點　下午11點 = 23點

❶ 答：下午 11 點 0 分 = 23 點

❷ 答：下午 4 點 0 分 = 16 點

練習題

第 256 頁

講解

數位時鐘或手機的時間大多以 24 小時制來顯示。可以在日常生活中給孩子出點小測驗，在學習方式上多下點工夫。

解說

教孩子「24 小時制」的時候，下午的時間要「加上 12 小時」！

❶ 下午 11 點 0 分：11 點 0 分＋ 12 小時＝ 23 點

❷ 下午 4 點 0 分：4 點 0 分＋ 12 小時＝ 16 點

36 時間
(國小二年級)

1 哥哥上午9點30分離開家裡，5小時後到學校。請問他到的時間是幾點幾分呢？

答：下午 2 點 30 分

2 妹妹中午12點00分離開家裡，70分鐘後到海邊。請問她到海邊的時間是幾點幾分呢？

答：下午 1 點 10 分

3 從家裡到火車站要花90分鐘。安安下午11點30分到車站，請問他幾點幾分從家裡出門呢？

答：下午 10 點 00 分

第 257 頁

講解

要熟悉「時間跟小時的換算」乍看之下很複雜。先冷靜地把單位統一，再判斷到底是要用加法還是減法吧。

解說

○小時後、○分鐘後的問題是加法；○小時前、○分鐘前的問題是減法

1 上午 9 點 30 分 + 5 小時 = 14 點 30 分

「14 點」是 24 小時制，
要分成上午、下午的話，則 14 點－ 12 小時＝下午 2 點
答案是下午 2 點 30 分。

3 「90 分鐘前」＝「1 小時 30 分鐘前」，

所以下午 11 點 30 分－ 1 點 30 分＝ 10 點 00 分
答案是下午 10 點 00 分。

2 「70 分鐘後」＝「1 小時 10 分鐘後」，

所以上午 12 點 00 分＋ 1 小時 10 分＝ 13 點 10 分
13 點－ 12 小時＝下午 1 點
答案是下午 1 點 10 分。

解答與解說

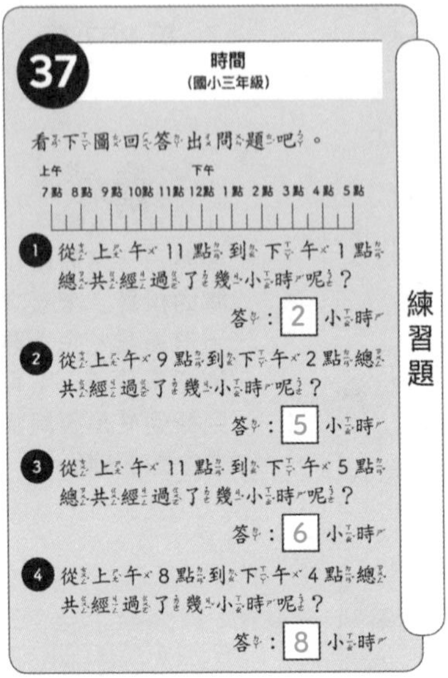

37 時間 (國小三年級)

看下圖回答出問題吧。

1 從上午11點到下午1點總共經過了幾小時呢？

答：2 小時

2 從上午9點到下午2點總共經過了幾小時呢？

答：5 小時

3 從上午11點到下午5點總共經過了幾小時呢？

答：6 小時

4 從上午8點到下午4點總共經過了幾小時呢？

答：8 小時

練習題

第258頁

講解

雖然正確讀取刻度很重要，但如果是以時間計算配分較重的國中升學考試為目標，則學會如何直接算出時間才是上策。

解說

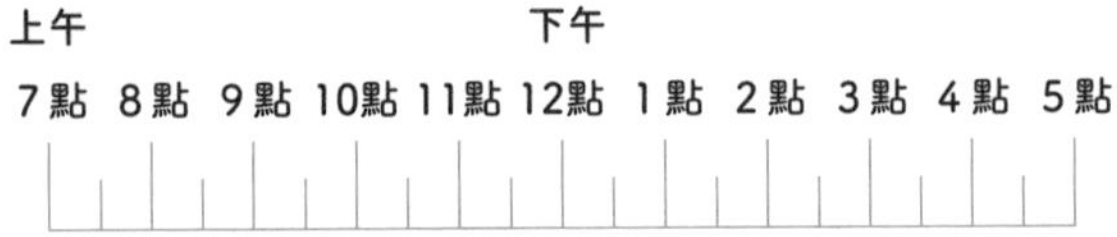

上圖中大格的刻度每1格是1小時！

1 從上午11點到下午1點經過了2格 ➡ 2小時

2 從上午9點到下午2點經過了5格 ➡ 5小時

3 從上午11點到下午5點經過了5格 ➡ 6小時

4 從上午8點到下午4點經過了8格 ➡ 8小時

3

「孩子不擅長閱讀理解」？才不是這樣！

應用題的真相

應用題正是全方位「思考能力」的基礎

在國小數學當中，「應用題」（文字題）是一大關卡。根據統計調查，應用題是孩子最不擅長的4大關卡之一；即使是擅長數學的孩子，也會有人表示「討厭應用題」。

然而，應用題在考試中（不只是國中，也包括高中跟大學升學考試）占了很大的比重，而且也被視為考驗「思考能力」的關鍵，不容忽視。

不單純是為了考試，為了孩子的未來，掌握解答「應用題」的能力也相當重要。透過應用題能夠獲得的能力，對於邏輯思考、與他人溝通，以及對事物的規劃能力來說不可或缺。

而這種能力，往往是偏重計算能力、「解題時求多求快」的學習法所無法掌握的。

因此，本章將把重點放在應用題，解答多數家長對數學的常見錯誤認知，以及克服應用題的方法。

為何孩子解得出計算題，卻解不出應用題呢？

讓我們來看看數學題的解題流程：

1. 閱讀題目並且理解
2. 建立算式
3. 解題

可以分為以上3個步驟。稍微改變觀點來看的話，可以想成是：

1 **掌握狀況**

2 **思考方法**

3 **解決**

這樣的步驟，就等同於日常生活中的「解決問題」。因此，積極學習數學，其實與培養思考能力息息相關。

另一方面，**重視計算能力的學習法僅僅是一種不斷重複第3步驟的訓練**。假設忽略了第1步驟和第2步驟，那即使做到能讓手機械式地動起來，孩子也無法獲得在社會上有用的能力，有可能**變得只會「按圖索驥」**。

算的題目愈多，數學反而變得愈差!?
計算練習的奇妙之處

在日本，數學學習的主流是「解題（計算題）求快、求多」。全國各地都有以此為學習目標的補習班，相當有人氣，計算題庫也很受歡迎。

大多數的家長都會**誤以為「計算能力＝數學能力」**，光只顧著要加強孩子的計算能力。

例如前幾天，有位來體驗RISU教材的小四生的媽媽，她這麼說：

「我的孩子已經學完小六的內容了，所以絕對沒問題。」

然而那個孩子卻解不出RISU裡三年級的題目，讓媽媽震驚不已。像這樣的案例還不少見。

如果是透過重複寫題庫或練心算來加強計算能力，不光是家長，連孩子自己都會有「我數學很好」的錯覺。但如果讓孩子實際解看看應用題，卻會解不出來——這可謂是種自相矛盾的現象。當然，這樣的狀況也會導致在考試時無法切中要點。

例如在下面這樣的題目中，很多孩子就容易被誤導。

【問題】請盤子裡有3塊蛋糕。小山打算吃2塊蛋糕，但後來只吃掉1塊。請問盤子裡還剩下幾塊蛋糕？

這個題目的出法還稱不上是陷阱題，正確答案是「2塊」。但如果孩子先入為主地認為「算得愈快愈好」，一看到題目就會馬上寫出：

3－2＝1

回答「1塊」。

孩子為了快點算出答案，一開始看到2這個數字，就會把後面的部分略過，沒仔細思考就建立了算式。雖然這只是我的概估，**但大概有5成的孩子都不會把應用題的題目讀完**（笑）。總而言之，大多數不擅長應用題的孩子，根本不會把題目從頭到尾讀完，而是像玩搶答遊戲一樣，光靠反射神經在作答。

事實上，如果有把題目好好看到最後的話，就幾乎不會出錯。

如果讓孩子重新看過自己答錯的應用題，把題目看完的話，有時即使不用特別教，孩子也能夠自己解出答案。看一次還不會的話，就看個三次，這時孩子就會恍然大悟地說「啊，我懂了！」然後順利寫出解答。

別讓孩子受到「快速解題」的詛咒

前述的情況愈常發生，就有愈多孩子會先入為主地認為「解題要解得愈快愈好」「我的解題速度要比別人更快才行」。

又或者是，他們會因為「這會妨礙我快速解題」「淨出些陷阱題很煩」，而覺得應用題很討厭。

必須放下這樣的先入為主，**好好針對問題進行思考**。這樣才能**磨練真正的數學能力，也才能夠磨練孩子的思考能力**。

不過，孩子會有這樣的成見，其原因可說是由學習方法，以及周圍大人們的態度所決定。

例如，我們經常會有下面這些情況，讓孩子不禁會認為「解題要解得愈快愈好」。

- 總之透過大量的計算，以速度來一決勝負
- 學習時如果手稍微停下來，就會被家長提醒
- 如果很快做完題目就會被稱讚
- 讓孩子用偏重計算的學習法學習（包含補習班或教材）

在考試時，確實需要一定的速度。然而，在成為大人之後，我們在小時候被要求的、以速度取勝的計算能力，在日常生活中到底會用到幾成呢？

大多數的計算都可以用電腦來完成，手機也都具備了電腦的功能。在這個已經進入AI社會的時代，光是磨練快速的計算能力，到底有什麼意義呢？

總是在孩子的學習上堅持要求「速度」，對孩子而言可說是一種「詛咒」。

重要的不是只有「快速解題」。還請您不要忘了這一點。

此外，如果孩子在應用題上出錯，也請您不要責備他。

「為什麼連這麼簡單的題目都不會？」

我懂，您可能會忍不住在心底這樣想，但責任並不在孩子身上。問題在於大人「與其花很多時間看題目，還不如趕快把題目看過去」的成見。

特別是覺得「我的孩子數學很好」的家長，更容易有這種情況。

孩子會在應用題的這種地方卡關

那麼，接下來就以具體的題目做為例子，找出克服應用題卡關的方法吧。這也能夠幫孩子一併解除「快速解題」的詛咒。

從一年級到二年級，孩子會學到由前述「3大主線」所延伸出的應用題。在這裡要求的是「建立算式」的能力。因為這是關係到後面綜合能力的元素，所以我們就在這裡花點時間看看吧。

其目的並不在於快速找出解答，而是要**先好好閱讀題目，再建立算式**。在實際讓孩子做題目的時候，也請務必先留意到這一點。

關卡4

不思考就找不出算式的應用題

（國小一年級～三年級）

危險度 

重點

- 避免一開始看到數字就急著寫完算式。

× 3＋2＝5

- 一個個檢查數字，慢慢建立算式。

○ 3＋2＋2＝

- 需要加減的時候，從算式最左邊開始計算。

3＋2＋2＝

5＋2＝7

38 應用題

（國小一年級）

總共會有幾顆球呢？

在 □ 中填入正確的數字吧。

原本有 3 顆球　多加 2 顆球　再多加 2 顆球

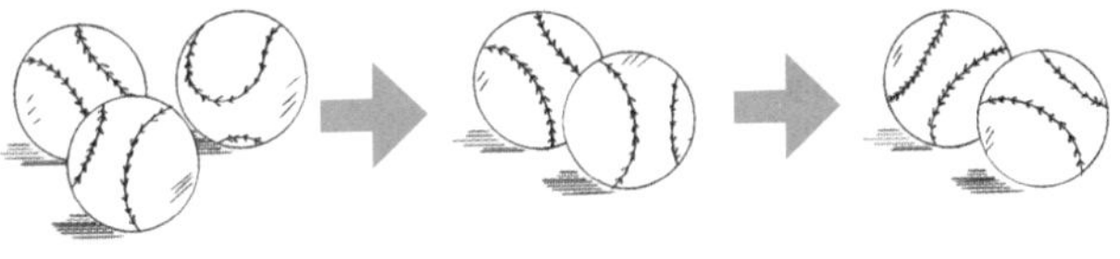

算式 3 ＋ □ ＋ □ ＝ □ （顆）

練習題

解答與解說位於第 287 頁。

克服應用題卡關的3大訣竅

1 別讓孩子比快。孩子快速解題時不要過度稱讚

父母親的態度通常是最重要的事情。還請不要把鼓勵的重點放在快速解題上。如果孩子解題解得很快，就會受到稱讚，如此重複數次之後，孩子就會覺得「快就是好」。

這樣的情況下，孩子會一看到題目就挑出數字來建立算式；如果錯了的話就再換不同數字、再建立算式……不斷重複以上步驟。

2 讓孩子把題目「唸出來」

讓孩子把題目唸出來最有效果。還請讓孩子出聲唸題目看看吧。只要這樣做，幾乎所有的孩子都能解開應用題。

如果一次還不行，就唸個兩次、三次。這個方法簡單又有效，還請務必嘗試看看。

3 練習成立算式

如果是擅長數學的孩子，也可以讓他練習建立算式就好。因為應用題的目的並不在於計算。只要告訴孩子「不要去計算」，就讓讓孩子的意識專注在建立算式上。

39 應用題
(國小一年級)

練習題

來練習加法計算吧！

1. 書包裡有4枝紅色鉛筆，1枝藍色鉛筆，總共有幾枝筆呢？

答：□枝

2. 教室裡有3個小朋友，又來了2個人，總共有幾個人呢？

答：□個人

3. 樹上有4隻小鳥，又飛來3隻，總共有幾隻小鳥呢？

答：□隻

☞ 解答與解說位於 288 頁。

40 應用題
(國小一年級)

來練習3個數的計算吧！

1. $6-4+7=$ □
2. $17-7+7=$ □
3. $12-2+5=$ □
4. $5+4-1=$ □

5. 冰箱裡有2顆哈密瓜、8顆草莓、4顆橘子。加起來總共有幾顆水果呢？

答：□顆

6. 箱子裡面有15顆球。昨天被拿走5顆，今天又補上2顆。請問現在箱子裡有幾顆球呢？

答：□顆

☞ 解答與解說位於第 289 頁。

41

應用題
(國小一年級)

練習題

來練習各種計算吧！

1. 14 − 4 + 8 = □

2. 10 − 2 − 2 − 2 = □

3. 媽媽做了 12 個飯糰。被吃掉 2 個之後，又做了 3 個。請問現在還有幾個飯糰呢？

答：□個

4. 餐桌上有 4 個可樂餅。因為媽媽又炸了 3 個，原本的可樂餅全都被吃掉了。請問現在還剩下幾個可樂餅呢？

答：□個

☞ 解答與解說位於第 290 頁。

42 應用題
(國小二年級)

來練習乘法吧！

1. 小花買了 7 顆 8 元的糖果，總共要多少錢呢？

答：□元

2. 一個花瓶裡有 7 朵花，9 個花瓶總共有幾朵花呢？

答：□朵

3. 一支棒球隊有 9 個人，8 支棒球隊總共有幾個人呢？

答：□個人

解答與解說位於第 291 頁。

43 應用題

（國小二年級）

練習題

來練習減法吧！

1 媽媽給姊姊 185 元，請姊姊幫忙買 79 元的葡萄。請問會剩下多少錢呢？

□
− □
□

答：□ 元

2 姊姊買完 79 元的葡萄之後，又買了 58 元的糖果。請問還剩下多少錢呢？

□
− □
□

答：□ 元

解答與解說位於第 292 頁。

解答應用題的能力，也能在將來的工作中派上用場

孩子國小時在應用題上卡關，我覺得這反倒是件好事。以此做為契機，**孩子才會去好好閱讀題目，從中找出重要的數字或關鍵字，並藉此打好基礎**。改掉閱讀時跳過略過的壞毛病，對之後會有很大的幫助。

這也適用於其他科目的考試。在近年來的考試出題中，有許多題目的敘述都非常長。

孩子必須從這麼長的文章中找出必要的資訊，才能做出正確的回答。好好解開基礎的應用題，不只對數學有幫助，也有助於解開其他科目的問題。

當然，等孩子長大成人之後，這樣的能力也能派上用場。

例如在整理資料的時候，就必須從許多資訊當中挑選出必要的元素；整理會議紀錄時，也必須從相互穿插的討論與對話中挑出該記錄的東西。如果抱持隨便讀一讀、隨便聽一聽的態度，是無法勝任工作的。

如果將應用題視為培養孩子未來必備能力的第一步，大家看待應用題的方式說不定也會有所改變。

38 應用題
（國小一年級）

總共會有幾顆球呢？

在□中填入正確的數字吧。

原本有 3 顆球　多加 2 顆球　再多加 2 顆球

算式 3 + 2 + 2 = 7（顆）

練習題

第 277 頁

解答與解說

講解

一邊一個個檢查題目敘述中的數字，一邊建立算式吧。只要好好記住計算的順序，後面遇到加減混合計算時，也能夠順利地解答。

解說

請先好好閱讀題目敘述，再建立算式。

- 有 3 顆 球
  3

  ⬇

- 多 加 2 顆 球
  3 + 2

  ⬇

- 再 多 加 2 顆 球
  3 + 2 + 2

從算式的左邊開始做計算

3 + 2 + 2 =

⬇

5 + 2 = 7

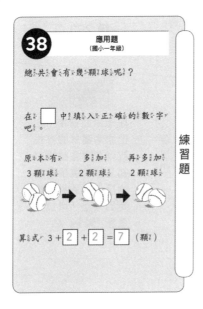

解答與解說

39 應用題
（國小一年級）

練習題

來練習加法計算吧！

1. 書包裡有4枝紅色鉛筆，1枝藍色鉛筆，總共有幾枝筆呢？

   答：5 枝

2. 教室裡有3個小朋友，又來了2個人，總共有幾個人呢？

   答：5 個人

3. 樹上有4隻小鳥，又飛來3隻，總共有幾隻小鳥呢？

   答：7 隻

第 280 頁

講解

在應用題當中，會把原本簡單的算式改以各式各樣的方式呈現。還請重複閱讀題目敘述，確定到底是「增加」還是「減少」吧。

解說

就算題目很長，只要好好閱讀、建立算式就沒問題！

1. 題目是問總共有幾枝，所以鉛筆是紅色還是藍色都沒關係。

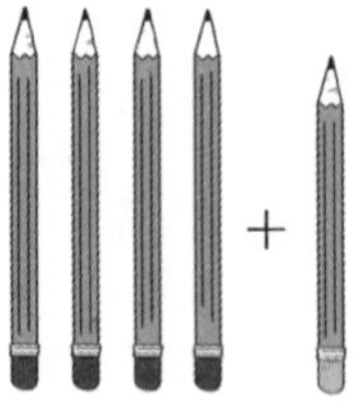

＝ 4＋1＝5

2. 「又來了 2 個人」＝「＋ 2 個人」

   3 個人＋ 2 個人＝ 5 個人

2. 「又飛來 3 隻」＝「＋ 3 隻」

   4 隻＋ 3 隻＝ 7 隻

40 **應用題**
（國小一年級）

來練習3個數的計算吧！

❶ 6－4＋7＝ 9　❷ 17－7＋7＝ 17

❸ 12－2＋5＝ 15　❹ 5＋4－1＝ 8

❺ 冰箱裡有2顆哈密瓜、8顆草莓、4顆橘子。加起來總共有幾顆水果呢？

答： 14 顆

❻ 箱子裡面有15顆球。昨天被拿走5顆，今天又補上2顆。請問現在箱子裡有幾顆球呢？

答： 12 顆

第 281 頁

講解

在3個數的加減混合計算中，「從最左邊開始依序計算」是不變的原則。也請留意看錯題目時會粗心大意犯下的錯誤。

解說

在應用題中要注意「要求的是什麼」！

❶ 6－4＋7
↓
2＋7＝9

❷ 17－7＋7
↓
10＋7＝17

❸ 12－2＋5
↓
10＋5＝15

❹ 5＋4－1
↓
9－1＝8

❺ 要求的是「加起來總共有幾顆」
只要注意「總共有幾顆」就好！

2顆哈密瓜　8顆草莓　4顆橘子
2顆＋　8顆＋　4顆＝14顆

❻ 按照順序思考，再建立算式！

15－5＋2
↓
10＋2＝12

建立算式之後，從左邊開始依序計算！

解答與解說

41 應用題（國小一年級）

練習題

來練習各種計算吧！

1. 14 − 4 + 8 = 18
2. 10 − 2 − 2 − 2 = 4
3. 媽媽做了 12 個飯糰。被吃掉 2 個之後，又做了 3 個。請問現在還有幾個飯糰呢？

   答：13 個

4. 餐桌上有 4 個可樂餅。因為媽媽又炸了 3 個，原本的可樂餅全都被吃掉了。請問現在還剩下幾個可樂餅呢？

   答：3 個

第 282 頁

講解

在加減混合計算中，如果弄錯了計算的順序，就無法得出正確解答。建立算式之後，冷靜下來從最左邊開始計算吧。

解說

計算 3 個數的時候，要從左邊開始依序計算！

1. 14 − 4 + 8 =
   ⬇
   10 + 8 = 18

2. 10 − 2 − 2 − 2 =
   ⬇
   8 − 2 − 2 =
   ⬇
   6 − 2 = 4

應用題要按照順序思考，再建立算式！

3. ・做了 12 個
   12
   ⬇
   ・吃掉 2 個
   12 − 2
   ⬇
   ・又做了 3 個
   12 − 2 + 3

   從左邊開始依序計算
   12 − 2 + 3 =
   ⬇
   10 + 3 = 13（個）

4. ・有 4 個
   4
   ⬇
   ・又炸了 3 個
   4 + 3
   ⬇
   ・原本的 4 個全都被吃掉了
   4 + 3 − 4

   從左邊開始依序計算
   4 + 3 − 4 =
   ⬇
   7 − 4 = 3（個）

42 **應用題**
(國小二年級)

來練習乘法吧！

❶ 小花買了7顆8元的糖果，總共要多少錢呢？

答：56 元

❷ 一個花瓶裡有7朵花，9個花瓶總共有幾朵花呢？

答：63 朵

❸ 一支棒球隊有9個人，8支棒球隊總共有幾個人呢？

答：72 個人

第 283 頁

講解

遇到乘法的應用題時，如果很難成立算式，就把題目敘述畫成圖吧。例如第❶題如果畫出7個⑧的話，孩子就很容易理解「有7個⑧，這要用乘法算式！」

解說

乘法的應用題

- 先建立算式！
- 運用九九乘法來思考！

❶ 「八七五十六」，所以是56元

❷ 「七九六十三」，所以是63朵

❸ 「九八七十二」，所以是72個人

43 應用題
（國小二年級）

來練習減法吧！

❶ 媽媽給姊姊 185 元，請姊姊幫忙買 79 元的葡萄。請問會剩下多少錢呢？

$$\begin{array}{r} 185 \\ -\ 79 \\ \hline 106 \end{array}$$

答：106 元

❷ 姊姊買完 79 元的葡萄之後，又買了 58 元的糖果。請問還剩下多少錢呢？

$$\begin{array}{r} 106 \\ -\ 58 \\ \hline 48 \end{array}$$

答：48 元

練習題

第 284 頁

講解

時間軸也是需要討論的重要元素。這次的題目，兩題都是在問「買了東西、錢變少之後」還剩下多少錢。

解說

應用題

- 注意「要求的是什麼」！
- 按順序思考！

① 要求出買了東西之後，還剩下多少錢

媽媽給姊姊 185 元→請姊姊幫忙買 79 元的葡萄

原本有 185 元→減少 79 元

185 − 79 = 106

② 還剩 106 元→又買了 58 元的糖果

原本有 106 元→減少 58 元

106 − 58 = 48

4

矽谷也在用的學習法！

教出能自由選擇理工出路的孩子

日本的數學能力水準很高

在美國，RISU也推廣到了矽谷約莫30間的公立小學和課後安親班中。

雖然最初是以數學教育為切入點，但沒想到也收到大量「希望可以教導孩子程式設計和批判性思考」的需求，目前逐漸變成以此教育事業為發展中心。

在批判性思考的部分，我們是使用日本國中考試的簡單題目來做變化，結果接受度相當高（笑）。因為整體尚未到達一定水準，所以還沒用到太困難的問題。

這些矽谷的家長們，相當強烈地意識到「要趁早讓孩子培養能直接應用在未來工作中的知識」，最近甚至也提出了AI相關的需求。

但並非整個美國都是這樣，這只是特定現象。我認為，**與美國相比，日本孩子的數學能力平均水準更高**。

美國雖然也有很傑出的孩子，但整體平均水準較低。有很多到了小學五年級，還在用手指算加法的孩子。而且家長也不是特別在意，感覺得出教育的落差。

在日本，無論是公立還是私立學校，數學教育的水準都很高；所以**只要在國內的學校好好學習，就能掌握世界通用的數學基礎知識**。但社會卻傾向只從海外挑選優秀人才，顯露出「國內學到的知識無法在世界上通用」的負面訊息，但事實上並不是這麼一回事。

我們擁有安全又安心的學習環境，所以可以獲得相當高水準的學科能力。

因此，家長們應該抱持更加樂觀的態度，給予孩子妥善的支援，讓他們能充分吸收當下所學的內容才是。

只要以國內的學習水準掌握數學能力，就能成功超車世界上的其他人，讓他們即使再努力追趕也追不上，這就是數學的性質。

因此在本書中，才會想告訴大家在一開始衝刺時就不會失敗的數學學習法，我想各位應該已經都能理解。

總括來說，日本的數學教育水準很高。**所以只要在學校好好學習，就能擁有相當的實力。**

擁有理工腦，未來沒煩惱！不可忽略的國家方針

「擅長理科」這件事，不只隱約和思考能力與生產力有關係，還直接關係到**孩子的未來**。

過去在日本，對工程師的待遇不太好。不過，現在則有了劇烈的變化。

這是因為人才出現大量缺口的緣故。經濟產業省公布了「科技企業及其關聯企業之資訊系統部門所屬人才」，也就是「科技人才」不足的預測。

在二〇一五年，已經出現了17萬的科技人才缺口。到了現在的國中孩子們出社會的二〇三〇年，估計累積的人才缺口低則41萬人，多則高達79萬人。也就是說，**只要掌握**

科技相關知識，在未來就不必煩惱職業選擇。

特別是AI（人工智慧）領域工程師人力不足，年收入也愈見提升。要成為AI領域工程師，統計學的知識不可或缺，做為其基礎的當然就是數學。

除此之外，資料分析的人才也是炙手可熱。「大數據」這個詞彙如字面上所示，企業端會透過任何機會蒐集我們生活中的數據。諸如位置資訊、購物記錄、瀏覽記錄、每天的體重等等，透過手機或應用程式將這些數據蒐集起來。

然而，這麼大量的數據能否被妥善應用？其實還有一段路要走。

社會上不只需要能從這樣的大數據中抽出必要資訊，加以解析、分析的人才；也需要能建立資訊基礎架構、編寫程式的人才。因為這樣的資訊量已經不是普通的Excel能處理得了的。

科技人才缺口規模相關預測

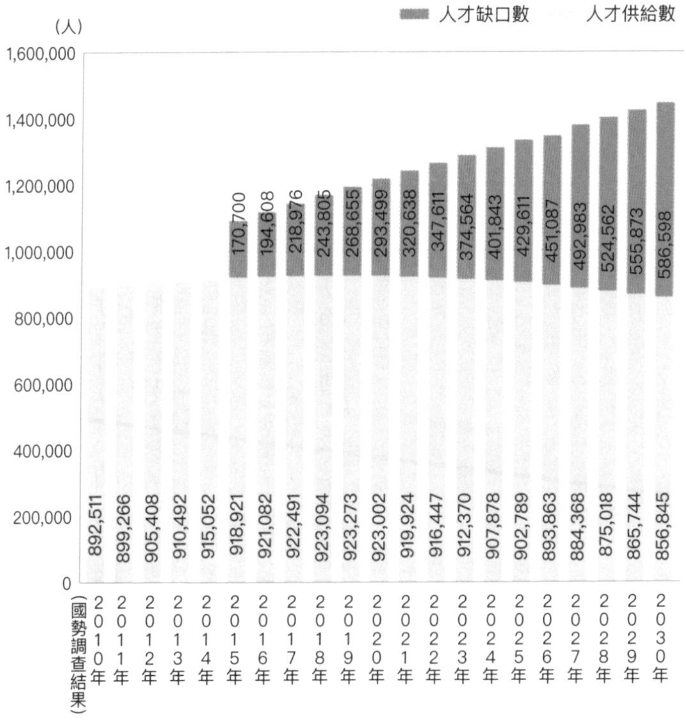

■2015年　約有17萬人才缺口

■2030年　約有59萬人才缺口(取中位數)

※資料來源：IT人才最心動信與未來推估相關調查結果(經濟產業省)

實際上，專門進行資料分析的顧問公司業績也在成長。

例如印度有間叫做 Mu Sigma 公司，雖然和美國有著12小時的時差，但卻負責為包含微軟在內的多間美國頂尖企業進行資料分析。因為美國的企業只要在一天下班時將資料傳到印度，印度的數據科學家（擁有高級數據分析技術的專業人員）就能即時進行分析，並在隔天上班前回傳給美國。

Mu Sigma 在這五年間，集合了數千位數學專家分析全世界的資料。其客戶中有150家公司都在財富世界500強之列。該企業的座右銘是「Do the Math」，也就是「我們算數學」，非常淺顯易懂的訊息。

社會上的任何領域都將無法與科技切割

橫濱 DeNA 海灣之星隊、福岡軟銀鷹隊、東北樂天金鷲隊……從日本的球隊隊名來看，12支球隊中就有3支球隊是來自科技企業。

在二〇一九年的夏天，日本電商巨頭 Mercari 也宣布收購鹿島鹿角足球隊。在在顯示出，科技企業正處於成長階段，這點無庸置疑。

也因日本處於少子高齡化與人口減少的狀態，各界對機器人產業，以及做為其支援技術的科技產業的期待也水漲船高。

做為成長中產業的一例，**照護**領域今後如何資訊化也獲得矚目。雖說部分原因是為了消除因高齡化而導致的人才不足，但「對機器人不用像對人一樣擔心」、可以減輕心理負擔也是原因之一。根據一項調查，有超過8成受試者在心理負擔層面對照護機器人抱持肯定。（資料來源：ORIX Living Co., Ltd）

近年照護產業有顯著成長，預計二〇二五年將擴大到15兆日圓規模。**今後對科技人才的需求只會有增無減。**

此外，近期無人收銀機數量增加，無人便利店也開始登場。在這種情況下，也會需要保護無人商店的技術。此外，如果電子支付在未來取代現金成為主流，區塊鏈與其相關專業知識也能在屆時派上用場。

預計在二〇三五年左右，光是機器人產業就將擴大到10萬億日元規模。生活在未來的孩子可能會發現，**要找到和科技無關的工作還比較困難。**

文組與理組間的門檻將會消失

「雖然是這樣講，但我家的孩子真的不擅長數學，不太適合從事工程師或相關工作。」

一定會有人這樣想。當然，並不是每個人都需要成為工程師。但只要先知道理工行業的思考方式，在將來也有很高的可能從事高生產力的工作。

事實上，一間公司裡如果光只有工程師，工作是無法有進展的。同時也需要**負責管理，知道該交付給工程師什麼樣的工作，又該達到什麼樣的成果的人才**。就算自己不會撰寫厲害的程式或進行資料分析，「了解工程師和科學家正在做什麼、可以做什麼、無法做什麼」也非常重要。

就算有再優秀的工程師，如果缺乏能妥善運用人力的人才，也只是空藏美玉。不分文理組，接下來社會上更需要的是「能與工程師和科學家對等交流的人才」。

不管是文組還是理組，只要能讓孩子趁早接觸到這個發展得如火如荼的領域，並能不抱持抗拒的心態來面對，絕對是有益無害。

「我家的孩子是唸文組，所以……」您不該早早就為孩子設限，請讓他們儘可擁有接觸數學、ＡＩ、程式設計以及科學技術的機會。

用數學掌握邏輯思考

數學的背後是邏輯思考的集合。所謂的邏輯思考，可說是一種**能夠將事物一一建立順序，以淺顯易懂的方式說明的思考方式**。這是一種與直覺和情緒對立的思考方式。

例如在決定志願時，有人會靠直覺決定，像是：

「我喜歡這間學校！」

「我就是覺得喜歡！」

而另一方面，也有人是靠邏輯思考來決定，像是：

「考慮到成績、離家的距離、學費等等，選這間學校比較好。」

「我將來想成為一名太空人，所以選相關的學校吧。」

在思考自己的未來時，很難說直覺或邏輯思考孰優孰劣，也很難一概而論。但在你想說服周遭的人，或是在未來自問：

「為什麼我當初做了這個選擇？」

的時候，是否有經過邏輯思考就有很大的意義了。**只要有明確的理由，大多數人也會比較容易接受。**

要掌握這樣的邏輯思考，學習數學就能派上用場。

建立算式時，需要一一分析、檢查數字，並將它們組合起來。如果是用「總覺得是這樣」的心態來建立算式，是無法導出正確的解答的。以分析的角度看待事物，妥善使用事務來建立算式的能力，能為往後的邏輯思考能力奠定基礎。

但在現實情況中，無論是國小還是國中，可以學習到邏輯思考的科目少之又少。大概就只有數學，還有國語、社會跟自然科的一小部分吧。

在學習數學的過程中，會不斷重複將文字轉換為算式，並加以執行的訓練。這正是邏輯思考的訓練。

全面提升在校成績

如果學會邏輯思考，不只是數學，還能提高整體在校成績。

例如，假設孩子在一個問題中犯了錯誤，有邏輯思考力的孩子就會確實思考「我為什麼會犯下錯誤？」「要怎樣做，下次才能答對？」「我要掌握什麼知識，才能夠達對這個問題？」這種能力不只對數學有效，更可以改善所有科目，甚至是全方位地改善生活。

邏輯思考也能在未來的各種情況下為孩子提供支持，例如做出選擇、制訂計劃，或是進行提議的時候等等。

如果被問到「學數學要幹嘛？」的話

乍看之下，數學似乎只是一門用來提升問題解決能力的學科；**但我們可以毫不誇張地說，這是用來展望更遠的未來。**

無論未來科技產業和電腦如何進步，透過數學掌握的能力都不可或缺，因我們可以有效應用它，讓自己擁有更充實的人生。如果孩子問您：

「為什麼一定要學數學呢？」

「這一點意義也沒有。」

請告訴他：

「數學是讓你能好好自己思考事情的基礎喔。」

在人生中看似非必要的數學基礎學習，正是孕育邏輯思考的土壤。

文組爸媽，也能教出理工腦的孩子

正如我之前多次談到的，**父母是文組人，並不構成妨礙孩子繼續學習理科課程的要素。**

「我數學不好，所以我的孩子數學也不好。」

這樣思考，就代表放棄了孩子的可能性。這是一種浪費。

當然，能力會在一定程度上受遺傳的影響，但這並不足以妨礙孩子持續學習理科。

「你跟媽媽一樣數學不好耶。」

我認為對孩子說出這樣的話，影響還比遺傳要大得多。

這種思考方式會傳染給孩子，讓他們失去幹勁。父母的消極想法會在無意間對孩子產生負面的影響。

當然，並不是所有孩子都只要用功，就能在奧數競賽上活躍。但如果是學校範圍內的數學，任何孩子都一定能學得會。所以各位父母，請不要自己幫孩子撿了個絆腳石，不要幫孩子貼上「數學不好」的標籤。

我希望您能從更長遠的角度來思考。

絕對不要「因為謙虛而貶低孩子」

再次重申：謙虛不可不慎。謙虛是一種非常複雜的溝通方式，孩子很難理解。

因此，父母絕對不能向周圍的人說些：

「這孩子真是笨。」

「他的數學超級差。」

之類的話。孩子只要聽到，就會將這些話照單全收。

在媽媽們看來，說句「孩子真笨」，特別是說男孩子，就像是在炒熱話題，內容本身並沒有什麼深意；但聽到這些的兒子有可能會大受打擊。

相反地，就算不太確定孩子是不是真的數學好，**只要找出優點、加以稱讚，對孩子來說就是加分。**

「你很擅長數字喔！」

「你很會計算喔！」

「你很會圖形題喔！」

只要像這樣向孩子傳達，孩子就會直率地認為「我很擅長數學！」變得更加積極學習。

理工腦能讓孩子獲得未來優勢

理組的優勢① 年收入高

就統計上來看，理組和文組確實存在著年收入的差異。

在一開始就介紹過，根據日本國內二〇一一年的統計，文組出身男性的平均年收入為559．02萬日圓（平均年齡46．09歲）；理組出身男性的平均年收入為600．99萬日圓（平均年齡46．19歲）。單純比較起來，理組出身的人年收入高了約40萬左右。

在美國，這樣的差異更加顯著，文組與理組的年收入落差，一年平均達到8千美元。這也證實了前述的內容。

如果換算成一生的收入，恐怕差異就不容小覷了。

理組的優勢② 出路選擇廣

雖然文科的工作範圍也很廣，但目前國內的徵才，可以看到有更多理工相關的職位。

程式設計師等人才經常短缺，這樣的短缺帶來了許多提高年收入的機會。研究、開發的職位，大多數也是由理科人才所構成。

這並不是叫孩子絕對不可以念文組，但我們也該看見**理科人才正炙手可熱**的現實。

另外，許多**女性**也表示在求職時「感到有所差異」。所謂的「理科女子」在職場上相當受歡迎，因為許多企業都在徵求優秀的女性科學家。

特別是在食品開發、化妝品等化學製品的開發領域，理科女子大為活躍。女性的味覺和嗅覺非常敏感。要分辨出其中細微的差別，例如洗髮精和香皂的不同氣味，對男性來說實際上是非常困難的。許多男性沒有這樣的敏感度（我就是其中之一），所以有許多理科女子活躍於以這種微妙差異定勝負的開發領域，而且此領域經常需要新人才。

開發清潔劑、洗髮精、化妝品等日用品的寶僑集團（P＆G），就是一家非常重視女性的公司。由於他們正在開發尿布產品，據說公司裡會將身為母親視為是一種優勢。

據我了解，某支團隊從美國總部到日本出差時，其中一位女經理身體不太舒服；團隊表示「她的身體狀況最重要」，便讓她直接返回美國了。正因為是化學製品企業，才能做到這樣的程度吧。

理組的優勢③ 設計人生的自由度

許多文科性質的工作，即使有人離職了，也很容易找到人來填補空缺。也就是取代性很高。

不過理科的研究相關工作就不是這樣了。由於研究的時間跨度較長，如果有個研究人員不在一段時間，研究尚且能繼續進行；但如果是不在個十年，那就很困擾了。這就代表「請完產假和育嬰假之後，還可以回來工作」。

有某位女性研究員，因為要養育孩子而從公司離職；過了幾年，對孩子稍微可以放手之後，她決定去超市兼職。而當她在社群軟體上宣布：

「從今天開始，我要努力打收銀機！」

原本公司的主管馬上就聯繫她：

「如果妳要重回職場，就回來公司吧。」

最後她以約聘的形式回到了原來的研究職位上。這當然是因為她的優秀，但如果是文科的工作，就很難想像在離職之後，還能夠被前上司徵召回原來的崗位。

在未來，會愈來愈需要從事研究工作的理科女子。

過去的「消費活動」很單純，大家都買一樣的東西、消費一樣的東西，相當理所當然。例如在我小的時候，幾乎每戶人家都是使用相同的洗髮精。幾個品牌的洗髮精就能佔據大部分的市場。

但在這個時代，在每個人都會選擇適合自己的洗髮精來使用，您家或許也是這樣。洗髮精的種類不勝枚舉，藥妝店的洗髮精貨架大小總令我感到吃驚。

即使是同一個品牌的洗髮精，也需要在其中做出微妙的差異，像縫合東西般進行調整，以滿足個人消費者的需求。要考慮的因素很多，比如成分、香味、質地、使用感、效用等等，女性最擅長的就是這些細微的調整。

雖然在這裡是舉女孩子當例子，但對男孩子來說當然也是一樣的。**只要能夠自由選擇理科的出路，將來的人生也會變得更加豐盛。**

在未來，人們的生活方式還將變得更加多樣化。到那時候我們還能擁有多少選擇呢？**做好準備的第一步——令人意外地，就是從國小數學開始。**

讓孩子「愛上數學」的機會，到處都是！

「給我去唸書！」

這是讓孩子們最不想唸書的一句話。如果可以，希望您能避免在日常生活中使用這**句話，並設計一些方法，讓您的孩子有機會自然地練習數學**。

前幾天，我在便利商店看到一位約五歲男孩的媽媽，遞給了男孩一張電子支付卡，告訴他：

「選你喜歡的零食，嗶一下就可以囉。」

這種購物方式實在是非常可惜。像這樣的情況，應該給您的孩子現金，跟他說：

「買你喜歡的零食吧，但不要超過這個金額喔。」

這樣的話，孩子就會開始拼命計算，思考怎麼買到「CP值最高（也就是儘可能買到最多自己想吃的）」的糖果。

我小的時候，曾在學校遠足時被「買300日圓以內的零食」燃起熱情。到底要怎麼用300日圓買到最讓自己滿足的零食呢？像這種時候，孩子往往都會腦力全開。

不要因為講求「方便」而讓孩子失去「自我」

在未來，當刷卡或手機支付變得司空見慣時，人們**對金錢的感覺**也會變得薄弱。在數學這科中，金錢和「位數」的概念密切相關。簡而言之，使用金錢可以幫助孩子在位數的概念上不卡關。

此外，如果未來演變成都不使用現金，大家對付錢這件事也會失去痛感。有可能會買東西買個沒完，或是用循環信用的方式購買不符收入的東西，也不痛不癢，對金錢的感覺變得徹底麻痺。

「方便」與「停止思考」只有一紙之隔。如果你全都採用信用卡或自動扣款支付，就不會知道自己到底用了多少錢，或是還有多少錢可以用。

對金錢感覺遲鈍的人，陷入詐欺騙局的**風險**會變高。不幸的是，這世界上不會只有好人，有很多人會試圖用數字上的花言巧語來行騙江湖。

如果平時經常接觸數字，就會在這種時候感覺到「有可疑之處」。這種感覺只能透過處理數字來磨練。

家庭是最好的學習場所

時間計算的單元比起在學校學，更適合在家裡學。

「再1小時15分鐘你就該進被子囉。就是再75分鐘喔。」

「21點前一定要去睡覺喔。就是9點前喔」

只要有意識地談論關於時鐘的話題，孩子就能除漸累積時間計算的基本知識。

在以10進位推展的數學課程中，如果突然冒出60進位，孩子會感到很困惑。如果能**在家自然教**，孩子就能輕鬆了解更多時鐘的知識。

您還可以讓孩子從自己的興趣中學習數學的知識。

我對大數字的感覺，是從太空書籍中自然而然獲得的。閱讀太空書籍或圖鑑的時候，地球到月亮的距離是38萬公里、到太陽的距離是1億4960萬公里……這些大數字會自然而然地映入眼簾。

因為這是跟自己最喜歡的太空有關，所以這些數字自然會留在腦海裡。跟在課堂上不情不願地記下的東西相比，吸收能力截然不同。

有個平時會跟爸媽一起跑馬拉松的男孩，很高興自己在單位的小考中第一次拿到的100分。因為平日跑馬拉松時，爸媽會和他對話：

「再跑500公尺，就跑2公里了唷！」

這樣能夠讓身體記住公尺和公里的感覺。不只是用頭腦，還透過自己的經驗來記住，會比起在書桌前學習更有效率。

與其逼著孩子學數學，**不如想想在日常生活中、孩子喜歡的東西中，有什麼東西可以用來提升孩子的「數感」**，建議您不妨考慮看看。

我想想，
半徑是…
這個蛋糕
的半徑是？

結語

很顯然地，擅長數學並不代表你就會幸福快樂。不管你的成績有多好，單憑這一點並不能保證人生的幸福。

在相對單純的過去，調查結果顯示，幸福感會隨著年收入增加而增加，直到達到800萬日圓（約190萬台幣）為止。那是因為收入愈多，可以買的東西就愈多、吃的東西就愈好，愈能住大房子，也愈能體驗新事物。

但到了現代，生活必需品的價格已經大幅下降，因此已經不需要花那麼多錢才能得到想要的東西。

現在只要用銅板價，就能吃到很好吃的食物（牛丼也變得愈來愈好吃了！）想看電影的話，每個月花個幾百塊，就能理所當然地享受無限看到飽的服務。現在已經是個可以隨心所欲聆聽過去一百年份音樂的時代。即使是便宜的衣服，品質也有所提升；即使是便利商店的熟食跟甜點，也已經相當美味。

在過去不砸重金就買不到的「幸福」，現在以出奇便宜的價格就能獲得。

不僅如此，夢想擁有名車或是郊區別墅的人也變少了。這是因為大家都不想因此陷入貸款的地獄中。

在這樣的背景之下，提升數學等科目的成績，考上好學校、進入好公司，賺取不錯的年收入，這樣的既定流程或許已經不那麼有吸引力了。

但是，我認為這並不是學習的目的。如果你擅長數學，當然可以獲得更好的成績，以及更高的偏差值，但這樣的學習並非是為了進入既定的流程之中。

那麼，到底為什麼要花心力學數學呢？如果去思考在一個可以用低價取得好東西的時代，人類的幸福究竟從何而來；那我認為，幸福就是取決於「是否能做自己喜歡的事」。

如果你變得擅長數學，成績也變好，最直接的好處就是能擴大未來選擇職業的範圍。不僅如此，數學如果成為你的強項，將會對工作有很大的幫助。你會有更多機會發揮自己的實力，例如：在公司內部被指派負責專案，或是獲得你想要的職位。

如果在工作上能夠更有效率，你或許就能用更快的時間完成工作，並且培養自己的愛好，像是玩樂團、運動等等。

如果您是家庭主婦（夫），也能夠透過管理好家庭開支，創造出犒賞自己的餘裕。

不管是為了能自由選擇工作、在公司裡獲得好職位，還是提高做事的效率，留出時間給自己；抑或是節省不必要的成本，培養好數學基礎能力對我們的人生來說都大有用途。

如果這本書能讓您改變看待和思考數學的方式，並幫助孩子朝向正確的方向前進，那我會相當高興。

教出孩子理工腦：
用 10 億大數據打造最強數學力

10 億件の学習データが教える 理系が得意な子の育て方

作者　今木智隆
譯者　汫玲
執行編輯　顏妤安
行銷企劃　劉妍伶
封面設計　賴姵伶
版面構成　賴姵伶
發行人　王榮文
出版發行　遠流出版事業股份有限公司
地址　臺北市中山北路一段 11 號 13 樓
客服電話　02-2571-0297
傳真　02-2571-0197
郵撥　0189456-1
著作權顧問　蕭雄淋律師
2022 年 2 月 28 日　初版一刷
定價新台幣 380 元

ISBN　978-957-32-9430-6
遠流博識網　http://www.ylib.com　E-mail: ylib@ylib.com
（如有缺頁或破損，請寄回更換）

國家圖書館出版品預行編目 (CIP) 資料

教出孩子理工腦：用 10 億大數據打造最強數學力 / 今木智隆著；汫玲譯 . -- 初版 . -- 臺北市：遠流出版事業股份有限公司, 2022.02
面；　公分
譯自：10 億件の学習データが教える　理系が得意な子の育て方
ISBN 978-957-32-9430-6(平裝)
1.CST: 數學 2.CST: 學習方法
310　　111000253